Ubuntu ウブントゥ

はじめる & 楽しむ
100%活用ガイド

Ubuntu 18.04 LTS 日本語 Remix 対応

技術評論社

Chapter 1
Ubuntuを使う準備をしよう
乗り換え準備

- 006　Ubuntuってどんなもの？
- 008　Ubuntuでできること、できないこと
- 010　Ubuntuで使える周辺機器
- 012　Ubuntuの動作要件を確認する
- 016　Windowsのデータをバックアップする

Chapter 2
Ubuntuをインストールしよう
インストール

- 024　付属DVD-ROMからインストールする
- 028　リポジトリを追加する
- 030　デュアルブートでインストールする
- 032　USBメモリーにUbuntuをインストールする

Chapter 3
基本操作を覚えよう
基本操作

- 036　Ubuntuの起動と終了
- 038　Dash機能を利用する
- 042　Dockを利用する
- 044　インターネットに接続する
- 048　ディスプレイを設定する
- 050　ワークスペースを活用する
- 052　アプリのメニュー操作を理解する
- 054　日本語入力を行う
- 056　ファイルやフォルダーを操作する
- 058　バックアップしておいたファイルを移動する
- 060　アプリをインストールする

Chapter **4**
アプリを活用しよう

アプリ

- 064　Ubuntuで利用できるアプリ
- 066　Webブラウザを使う
- 070　LibreOfficeを利用する
- 072　Office Onlineを活用する
- 074　電子メールを使う
- 078　メッセージングアプリを利用する
- 080　音楽鑑賞を楽しむ
- 084　現像やレタッチを行う
- 086　クラウドストレージを活用する
- 088　動画の再生を行う
- 090　プリンターの設定と出力を行う
- 094　フォントをインストールする
- 096　Windowsアプリを動かす

Chapter **5**
セキュリティを強化しよう

セキュリティ

- 100　OSやアプリをアップデートする
- 102　ユーザーアカウントを管理する
- 104　ログイン設定を変更する
- 106　ウイルス対策をする
- 108　ファイアウォールを設定する
- 112　バックアップする

Chapter **6**
自分好みにカスタマイズしよう

カスタマイズ

- 116　テーマを変更する
- 118　キーボードショートカットを変更する
- 120　ノートパソコンの省電力設定を行う
- 122　ディスプレイ解像度設定を行う
- 124　日本語環境をセットアップする

ご注意：ご購入・ご利用の前に必ずお読みください

- ●本書に記載した内容は、情報の提供のみを目的としています。したがって、本書を用いた運用は、必ずお客様自身の責任と判断によって行ってください。これらの情報の運用の結果について、技術評論社はいかなる責任も負いません。

- ●ソフトウェアに関する記述は、特に断りのない限り、2018年8月現在での最新バージョンをもとにしています。ソフトウェアはバージョンアップされる場合があり、本書での説明とは機能内容や画面図などが異なってしまうこともあり得ます。あらかじめご了承ください。

- ●本書は、以下の環境での動作を検証しています。
  Windows 10
  Ubuntu 18.04 LTS 日本語Remix

- ●インターネットの情報については、URLや画面などが変更されている可能性があります。ご注意ください。

以上の注意事項をご承諾いただいたうえで、本書をご利用願います。これらの注意事項をお読みいただかずに、お問い合わせいただいても、技術評論社は対処しかねます。あらかじめ、ご承知おきください。

■本書に掲載した会社名、プログラム名、システム名などは、米国およびその他の国における登録商標または商標です。本文中では、™、®マークは明記していません。

乗り換え準備

Chapter 1

Ubuntuを使う準備をしよう

Ubuntuってどんなもの?	006
Ubuntuでできること、できないこと	008
Ubuntuで使える周辺機器	010
Ubuntuの動作要件を確認する	012
Windowsのデータをバックアップする	016

乗り換え準備　Chapter 1　Ubuntuを使う準備をしよう

Ubuntu ってどんなもの？

- Ubuntu
- 特徴

「Ubuntu」（ウブントゥ）というOSを、皆さんはご存じでしょうか？　本書を手に取った人なら、名前くらいは耳にしたことがあると思います。まずは、Ubuntuとはどんなものなのかをかんたんに説明します。

無料で利用できるLinux OSのUbuntuとは？

「Ubuntu」は、数ある「Linux（リナックス）ディストリビューション」の1つです。
今や、サーバーや組み込み機器のOSとして広く利用されている「Linux」ですが、本来のLinuxは、一般ユーザーにとって、あまり優しいOSではありません。使いこなすには難解なコマンドを駆使する必要がありますし、デバイスを利用するだけでも、逐一ドライバーをインストールしてやらなければならないからです。
そこで生まれたのが、Linuxディストリビューションです。「ディストリビューション」とは、一般のユーザーが利用しやすいよう、各種アプリケーションやデバイスドライバーなどをパッケージ化したものです。「Windows 10」でいえば、「Home」、「Pro」、「Enterprise」、「Education」といったエディションそれぞれが「Windows 10 ディストリビューション」だといえます。

Ubuntuの日本オフィシャルサイト（https://www.ubuntulinux.jp/）。

COLUMN

Linuxとは

「Linux」（リナックス）は、「リーナス・トーバルズ」（Linus Torvalds）によって生み出された、フリーかつオープンソースなUnix系OSです。元々はPC/AT互換機用OSとして誕生したLinuxですが、現在ではサーバーや組み込み機器のOSとして広く利用されており、ここ数年で一気に普及したスマートフォン用OS「Android」も、LinuxベースのOSの1つです。

「優しさ」が魅力のUbuntu

Ubuntuは、数あるLinuxディストリビューションの1つですが、同時に、もっとも人気のあるLinuxディストリビューションでもあります。

Linuxディストリビューションのほとんどは、Windowsと比べるとユーザーにとっては敷居が高いものになっています。

その点、Ubuntuは違います。「Ubuntu」という単語は、アフリカのズールー語で「他者への思いやり」「皆があっての私」といった意味を持っており、その名の通りUbuntuはユーザーへの"優しさ"＝"易しさ"を最優先にしたLinuxディストリビューションだからです。

Ubuntuのインストールにかかる時間はわずか十数分で、面倒な設定はインストール完了と同時に、すべて終了します。また、Webブラウザやオフィスアプリ、画像編集アプリといった誰もが利用するアプリはすべて含まれているので、インストール後はすぐにパソコンをフル活用できます。加えて、充実したソフトウェアライブラリからは、何千というアプリを、かんたんに入手できます。

標準的なアプリはすべてインストールされているので、すぐに使い始めることができます。

常に新しく、常に安全なUbuntu

Ubuntuの使い勝手のよさは、Windowsに決して引けを取りません。加えて、UbuntuにはWindowsにはない、すばらしい特長があります。それは、常に新しく、常に安全であることです。

Ubuntuは、6ヶ月ごとに新バージョンがリリースされることになっています。これは、ユーザーに常に最新の機能を提供し続けるためで、Ubuntuなら古いバージョンの負の遺産を、いつまでも引きずり続けるようなことはありません。

また、Ubuntuはセキュリティも万全です。Ubuntuは最低でも9ヶ月間、本書に収録されているような「長期サポート版」(LTS版)であれば5年間もの期間、セキュリティアップデートが常時提供されることになっています。

そしてUbuntuは、現在も、そして未来も、無償で提供されます。個人利用だけでなく商用利用に関しても無償で、Ubuntuなら最新の安全なOSをずっと無料で使い続けることができます。

Ubuntu各バージョンのリリース時期とサポート期間

コードネーム	バージョン	リリース日	サポート期間
Bionic Beaver	18.04 LTS	2018年4月26日（※日本語Remixは5月15日）	2023年4月
Artful Aardvark	17.10	2017年10月18日（※日本語Remixは11月4日）	2018年7月
Zesty Zapus	17.04	2017年4月13日（※日本語Remixは5月3日）	2018年1月
Yakkety Yak	16.10	2016年10月13日（※日本語Remixは11月4日）	2017年7月
Xenial Xerus	16.04 LTS	2016年4月21日（※日本語Remixは4月30日）	2021年4月

乗り換え準備 | Chapter 1 Ubuntuを使う準備をしよう

Ubuntuでできること、できないこと

- Ubuntu
- メリット・デメリット

本書は、Windows 10をUbuntuに乗り換えることを目的としています。ですが、WindowsとLinuxはまったく別のOSで、両者には得手、不得手があります。ここでは、Ubuntuでできることと、できないことをまとめます。

Windowsのサービスは使えるの？

Windows 10でできたことの大半は、代替アプリを使うことでUbuntuでも利用できます。
たとえばWebブラウザとしては、「Microsoft Edge」や「Internet Explorer」こそ使えないものの、「Firefox」や「Google Chrome」などが利用可能です。そのため、大半のWebサービスはWindows 10と同様に利用できます。UbuntuにはFirefoxが含まれているので、こだわりがなければこれを使うとよいでしょう。
また、メールアプリも「メール」や「Outlook」は使えませんが、「Thunderbird」などを利用できます。「Microsoft Office」も、プリインストールされるオープンソースのオフィスアプリ「LibreOffice」で代用可能です。それ以外でも、たいていのアプリはUbuntuでも代用品が見つかるでしょう。

Windows専用アプリであっても、大半は代替アプリで代用できます。

データの引き継ぎも基本的には問題ない

Internet ExplorerやOutlook、Microsoft Officeといったアプリはバージョン依存のアプリですが、以上のようにほとんどの場合は、Ubuntu上でも同等のアプリで代替可能です。では、データの引き継ぎはどうでしょうか？ Windows 10からUbuntuへ乗り換える場合には、データが引き継げないと困ります。
結論からいうと、大半のアプリのデータは、Ubuntuの代替アプリに引き継ぎ可能です。Internet ExplorerやOutlook、Microsoft Officeにはデータを出力するエクスポート機能がありますし、Ubuntu側の代替アプリにも、Microsoft製品のデータのインポート機能が備わっているからです。

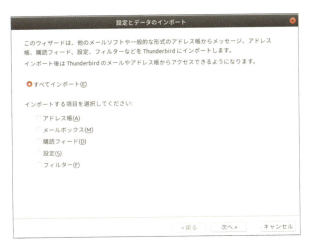
大半のアプリはデータの引き継ぎができます。

COLUMN
独自形式は引き継げない

Windows用アプリの中には、データを独自形式以外には保存できないようなものも、少数ですが存在します。その場合は、残念ながらデータの引き継ぎはできません。

Windowsのアプリやコンポーネントに依存するサービスは使えない

Ubuntuは、Windows 10とは全く異なるOSです。ですから、Windows固有のサービスやアプリ、たとえば「Microsoft Edge（Internet Explorer）」や「Windows Media Player」といったアプリだけにしか対応していないサービス、「Direct X」のようなWindows固有のコンポーネントに依存するコンテンツは、残念ながらUbuntuでは利用できません。この点は、Windows 10とのデュアルブート環境でも同様です。

Internet Explorerで閲覧することを前提に作られたWebサイトは、近年ではそのほとんどをUbuntuでも表示できるようになりましたが、一部の機能が利用できなかったり、表示の不具合が発生したりする場合もあります。

「Microsoft Store」アプリなど、Windows固有のコンポーネントに依存するアプリは利用できません。

COLUMN
Ubuntuで使用できないもの

- 「Microsoft Edge（Internet Explorer）」でしか表示できないWebサイトや利用できないWebサービス
- 「Windows Media Player」でしか再生できないコンテンツ（著作権保護機能との関連など）
- 「Direct X」を必要とするアプリやゲーム
- Windowsにしか対応していないアプリやハードウェア

乗り換え準備

Chapter 1 | Ubuntuを使う準備をしよう

Ubuntuで使える周辺機器

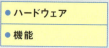

● ハードウェア
● 機能

アプリに関しては、仮にUbuntuに非対応だったとしても、大半は代替アプリで十分用が足ります。では、ハードウェアはどうでしょうか？ ここでは、Windowsで使っていたハードウェアがUbuntuで使えるかどうか確認していきましょう。

使うことのできるハードウェアの状況

市場には多くのハードウェアが毎日のように登場しています。ですが、大半のハードウェアはWindowsユーザーをターゲットにリリースされているため、Windows用ドライバーは必ず付属していますが、Linux用ドライバーはない場合があります。

ですが、安心してください。ほとんどのハードウェアは、Ubuntuでも利用可能です。

Ubuntuが多くのLinuxディストリビューションの中でも特に支持を集めている理由の1つとして、事実上、ほとんどすべてのハードウェアが利用可能である点があげられます。メーカーから公式ドライバーがリリースされていないハードウェアの場合も、現実にはほとんどのハードウェアが、ドライバーのインストールすら意識することなく、初期状態で支障なく利用できます。

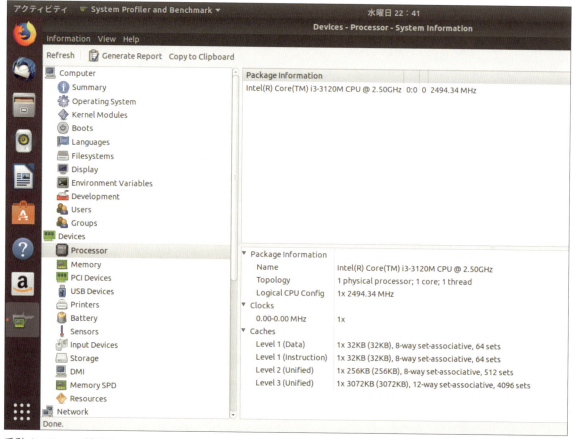

手動インストールが必要なハードウェアもありますが、通常は自動で最適なドライバーがインストールされます。

一部の機能に制限があるものもある

リポジトリにはUbuntu用のデバイスドライバーが大量に蓄積されており、ほとんどのハードウェアが原則として利用可能です。とはいえ、中には一部機能に制限が生じるハードウェアもあります。たとえば、プリンターです。原則としてUbuntuでは、ほとんどのプリンターが利用可能です。しかしながら、プリンター独自の特殊機能、たとえば「特殊な高解像度印刷」や「インク残量表示」といった機能に関しては、利用できない場合があります。

加えて、機能制限ではありませんが、リポジトリに集積されているUbuntu用ドライバーの多くは、メーカー製の公式ドライバーではなく、Ubuntuコミュニティの有志の手によって開発されたものです。そのため、製品のリリースからドライバー公開までには若干のタイムラグがあり、登場直後の新製品の場合は、ドライバーが存在しないこともあります。

ただし、多くのハードウェアは汎用ドライバーで問題なく動作しますし、よほどマイナーなハードウェアでもない限り、しばらくすればドライバーが公開されるので、安心してください。

ほとんどのハードウェアは汎用ドライバーで動作しますが、一部の機能が利用できない場合があります。

Ubuntuで使えないハードウェアもある

Ubuntuではほとんどのハードウェアが問題なく利用できますが、1つだけ、使えないタイプのハードウェアがあります。それは「地デジチューナー」など、デジタル放送を受信するデバイスです。

デジタル放送には、海賊版を防止するため、著作権保護機能が備わっており、著作者の許可を得ることなく著作権保護機能を無効化することは、法律で禁止されています。そのため、LinuxのようなオープンソースのOSでは再生が認められておらず、Ubuntuでも地デジチューナーは利用できません。

なお、ハードウェアではありませんが、同様の理由で、Ubuntuでは市販の「DVDビデオ」や「Blu-ray Disc」など、プロテクトがかかっているコンテンツも再生できません。

初期状態のUbuntuでは、DVDビデオが再生できません。

乗り換え準備 | Chapter 1 | Ubuntuを使う準備をしよう

Ubuntuの動作要件を確認する

- 付属DVD-ROM
- BIOS

ここまでUbuntuへの乗り換えにおける問題点について解説してきましたが、最後に、乗り換えを考えているパソコンで本当にUbuntuが動くのかどうかを確認していきましょう。

Ubuntuのシステム要件

まずは、Ubuntuのシステム要件です。Ubuntuは軽量なOSですから、Windows 10がごく普通に動作しているパソコンであれば快適に利用できます。具体的には、Ubuntuの公式なシステム要件は下記の通りです。

ただし、このレベルのパソコンでは、いかにUbuntuといえど、動作は少々ぎこちないものとなりますし、ハードディスクもすぐにいっぱいになってしまいます。特にメモリーは重要で、Ubuntuを快適に動作させるには、4GB程度のメモリーはほしいところです。最新のWindows 10の公式システム要件を確認してみると、一見Ubuntuよりも推奨システム要件が軽いように見えますが、Windowsが「最小環境」ではまともに利用できないOSであるのに対して、Ubuntuなら最小システム要件のパソコンでも快適に動作します。

Ubuntuのシステム要件

対応CPU	CPUクロック周波数	メモリー	ハードディスク
64bit	2GHz 2コア	2GB	25GB

Windows 10のシステム要件

対応CPU	CPUクロック周波数	メモリー	ハードディスク
32bit/64bit	1GHz	1GB（32bit版） 2GB（64bit版）	16GB（32bit版） 20GB（64bit版）

「BIOS」から起動順序を変更する

BIOSの起動方法はパソコンによって異なります。ここでは、例として東芝のノートパソコン「dynabook」を使用してBIOSを起動します。

1 ディスプレイ設定を変更する

BIOSを起動します。起動方法は、右ページのコラムを参照してください。→キーを数回押して、＜起動＞タブに移動します。

選択する

2 システムの起動順序が表示される

システムの起動順位が表示されます。通常は、「HDD」や「SSD」が優先されています。

電源を入れた時にシステムを読み込む装置の優先順位を設定します。
＜F6＞＜F5＞を押すと優先順位を上下に変更することができます。

3 起動順位を変更する

<ODD（光学ドライブ）>を、↑や↓で選択し、F5 / F6 を押していちばん上へと起動順位を変更します。

COLUMN

BIOSはキーボードを使って操作する

BIOSでは、キーボードのキーを使って設定の変更を行います。大抵のBIOSは画面下部などに操作方法が表示されているので、参考にして操作しましょう。

4 BIOSを終了する

→を数回押して<終了>タブを表示し、<変更を保存して終了する>を選択して、Enter を押します。

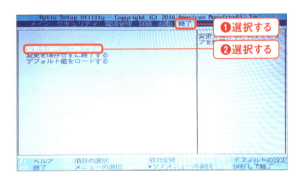

❶選択する
❷選択する

5 内容を保存する

確認のポップが表示されたら、<Yes>を選択して、Enter を押すと内容が保存され、BIOSが終了します。

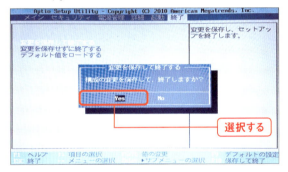

選択する

COLUMN

UEFIの起動方法

UEFIは、BIOSと同じような役割を担いますが、より新しいプログラムです。起動するには、⊞を押して⚙をクリックし、<更新とセキュリティ>をクリックします。次に<回復>をクリックし<今すぐ再起動>をクリックすると、再起動の画面が表示されます。「オプションの選択」画面が表れたら、<詳細オプション>をクリックし、<UEFIファームウェアの設定>をクリックするとUEFIの設置画面を表示することができます。

Ubuntu はじめる&楽しむ 100%活用ガイド　013

「Boot Menu」から起動する

2008年以降に販売された多くのパソコンの機種には、パソコンに内蔵・接続されているデバイスの順位を一時的に変更できる専用プログラム「Boot Menu（ブートメニュー）」が搭載されています。わざわざBIOSを立ち上げて変更しなくてもよいので便利です。「Boot Menu」の起動方法も、パソコンによって異なります。ここでは、例として東芝のノートパソコン「dynabook」を使用してBoot Menuを起動します。

1 パソコンにメディアを接続しておく

DVD-ROMなどのメディアを光学ドライブにセットして、パソコンの電源ボタンを押します。

2 Boot Menuが起動する

パソコン起動時に対応するキー（下表参照）を押すと、「Boot Menu」が表示されます。↑や↓などで＜光学ドライブ（ODD）＞を選択し、Enterキーを押すと、メディアの内容が読み込まれます。

COLUMN

BIOSとBoot Menuの起動方法

BIOSやBoot Menuを起動するには、パソコンの電源ボタンを押した直後に、何らかのキーを押す必要があります。以下は、主要メーカーのBIOS／Boot Menuの起動キーを表にまとめたものです。基本的にはメーカーごとに割り当てられているキーが同じですが、機種によってはこれらの機能が搭載されていない場合もあるので、メーカーの公式サイトでも確認してみましょう。

メーカー	機種名	BIOS 起動キー	Boot Menu 起動キー
東芝	dynabookなど	F2	F12
富士通	ESPRIMO、LIFEBOOK、FMVなど	F2	F12
NEC	LAVIE	F2	F12
VAIO	VAIO	F2	F11
HP	Pavilion、HP、OMEN by HPなど	F10	F9
Lenovo	ThinkPad、Lenovo（ノートPC／デスクトップ）、ideapadなど	F1	なし
ASUS	ZenBook、ASUSノートPCシリーズ、VivoBookなど	F2	なし
Dell	Inspiron、Vostro、XPSなど	F2 または「Ctrl + Alt + Enter」	F12

付属DVD-ROMで動作を確認する

1 付属DVD-ROMから起動する
BIOSで起動順位を変更後に付属DVD-ROMをセットして電源ボタンを押し、Ubuntuを起動します。または、P.14を参照してBoot MenuからUbuntuを起動します。

2 インストールせずに起動する
画面左のメニューから＜日本語＞をクリックして❶、＜Ubuntuを試す＞をクリックします❷。

3 Ubuntuデスクトップが表示される
Ubuntuのデスクトップが表示されます。うまく起動しない場合は、パソコンのスペックが不足している場合があります。

4 動作を確認する
Webブラウザや動画再生など、ひと通り動作を確認してみましょう。終了するには、付属DVD-ROMを取り出してから、電源ボタンを長押しします。

COLUMN

パソコンが起動しなくなってしまったら？

BIOSの設定を失敗してしまうと、場合によってはパソコンが起動しなくなってしまうことがあります。システムの起動順序以外を変更しないようにしましょう。パソコンが起動しなくなっても、BIOS画面を表示することができる場合は、デフォルトの設定に戻してパソコンを再起動してみましょう。デフォルトに戻すキーや項目はパソコンによって違うので、パソコンのマニュアルや画面をよく確認してみましょう。

Ubuntu はじめる＆楽しむ 100％活用ガイド　**015**

乗り換え準備 | Chapter 1 Ubuntuを使う準備をしよう

Windowsのデータを
バックアップする

- バックアップ
- データ管理

Windows 10からUbuntuへの乗り換えは非常にかんたんですが、上書きインストールすると、Windowsのデータは消えてしまいます。乗り換え前には必ず重要なデータのバックアップをしておきましょう。

ユーザーフォルダーをバックアップする

Windows 10上のアプリで作成したファイルの初期保存場所は、ほとんどの場合「ユーザーフォルダー」に保存されます。まずは、ユーザーフォルダーを丸ごとバックアップしておきましょう。「ユーザーフォルダー」は、OSがインストールされているCドライブの「ユーザー」フォルダー内にある、ユーザー名と同じ名前のフォルダーです。このフォルダーの中身を、USBメモリーなどに丸ごとバックアップしておくとよいでしょう。

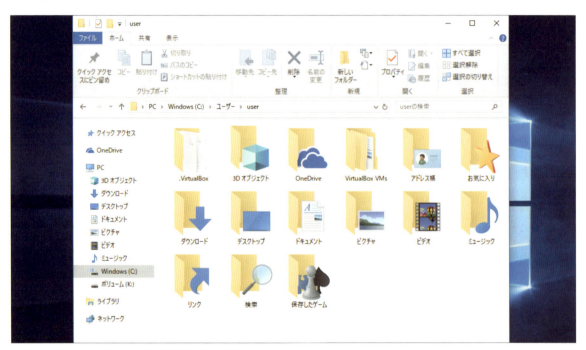

ユーザーフォルダーには、文書、写真、音楽などの主要ファイルや、インストールしたアプリなどさまざまなデータが保存されています。

COLUMN
パソコンを複数のユーザーで利用している場合

Windows 10は、1台のパソコンを複数のユーザーで利用することができます。「ユーザー」フォルダー内には、ユーザーごとの名前が付いたフォルダーが作成されています。移行前には、管理者権限を持つユーザーでログインして、ほかのユーザーのフォルダーもコピーしておくとよいでしょう。

Microsoft Edgeの「お気に入り」をバックアップする

1 「設定」画面を表示する
Microsoft Edgeを起動し、画面右上の…をクリックして❶、メニューから＜設定＞をクリックします❷。

2 インポートメニューを表示する
「設定」画面が表示されます。＜別のブラウザーからインポートする＞をクリックします。

3 エクスポートを開始する
インポート／エクスポート画面が表示されます。＜ファイルにエクスポート＞をクリックして、エクスポートファイルを出力します。

4 保存場所を選択する
バックアップファイルの保存場所をクリックし❶、ファイルの名前を入力して❷、＜保存＞をクリックすると❸、バックアップファイルの作成が完了します。

COLUMN

Internet Explorerの「お気に入り」をバックアップする

Internet Explorerを起動し、「ファイル」メニューから、＜ファイルにエクスポートする＞をクリックすると❶、「インポート／エクスポート」メニューが表示されます。＜次へ＞をクリックし❷、手順に従って、お気に入りのバックアップファイルを作成しましょう。

Ubuntu はじめる＆楽しむ 100％活用ガイド　017

Outlookの「メール」データをバックアップする

Outlookの「メールデータ」はPST形式（拡張子「.pst」）で出力されますが、そのままではUbuntuにプリインストールされているThunderbirdへデータを移行することができません。まずはOutlookでメールデータのバックアップを作成し、専用アプリを使って、Thunderbirdが対応しているEML形式（拡張子「.eml」）にファイル形式を変換する必要があります。本書では、Microsoftの公式アプリ「GainTools PST Converter」を使ってEML形式に変換します。

1 「ファイル」をクリックする
Outlookの画面左上にある＜ファイル＞タブをクリックします。

2 「インポート／エクスポート」画面を表示する
画面左のメニューから＜開く／エクスポート＞をクリックして❶、＜インポート／エクスポート＞をクリックします❷。

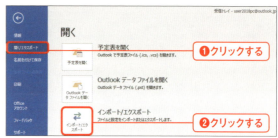

3 ファイルへのエクスポートを行う
「インポート／エクスポート」画面が表示されます。＜ファイルにエクスポート＞をクリックして選択し❶、＜次へ＞をクリックします❷。

4 ファイルへのエクスポートを行う
＜Outlook データファイル（.pst）＞をクリックして選択し❶、＜次へ＞をクリックします❷。

5 エクスポートするフォルダーを選択
エクスポートするフォルダーを選択します。ここでは、＜受信トレイ＞をクリックして選択し❶、＜次へ＞をクリックします❷。

6 保存先を変更する
＜参照＞をクリックします。

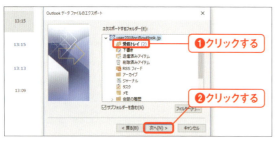
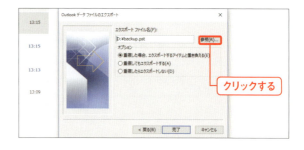

7 バックアップファイルを保存する

バックアップファイルの保存場所をクリックし❶、ファイルの名前を入力して❷、<OK>をクリックします❸。

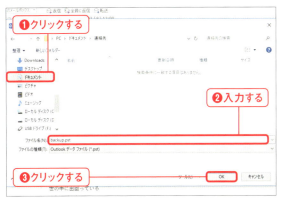

8 バックアップファイルを出力する

保存先を変更すると、手順6の画面に戻ります。<完了>をクリックして、バックアップファイルを出力します。

9 パスワードを設定する

PST形式でエクスポートを行った場合は、必要に応じてパスワードを設定することも可能です。Thunderbirdへ移行する場合は特に必要ないので、ここでは<OK>をクリックして終了します。

10 インストーラーをダウンロードする

Webブラウザで「GainTools PST Converter」の配布ページ（https://gallery.technet.microsoft.com/office/PSTEML-Outlook-PSTEML-4848318e）にアクセスします。<pst-to-eml.exe>をクリックして❶、規約に同意し、<実行>をクリックして❷、インストーラーをダウンロードします。

11 インストールを行う

インストーラーのダウンロードが完了すると、自動的にインストーラーが起動します。<Next>をクリックし、その後は手順に従って、「GainTools PST Converter」のインストールを行いましょう。

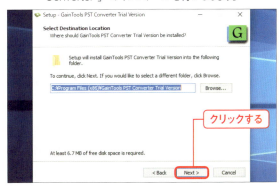

12 GainTools PST Converterを起動する

GainTools PST Converterを起動し、<Browse>をクリックします。

13 PSTファイルを読み込む

出力したOutlookのメールデータをクリックし❶、＜開く＞をクリックして❷、PSTファイルを読み込みます。

14 変換形式を選択する

サイドメニューから＜Export＞をクリックし❶、＜EML File Format（*.eml）＞をクリックして❷、＜Browse＞をクリックします❸。

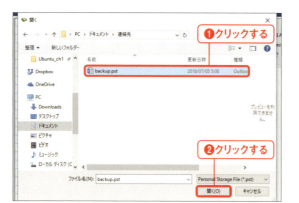
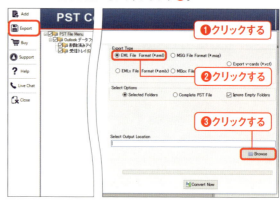

15 保存先を設定する

保存先をバックアップ用のUSBドライブに設定し❶、＜OK＞をクリックします❷。

16 EMLファイルに変換する

＜Convert Now＞をクリックすると、EMLファイルに変換されます。

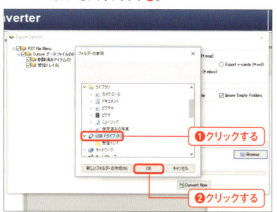

COLUMN

EML形式のメール

PSTファイルに出力したメールデータは1つのファイルに情報がまとまっていますが、EML形式に変換するとメール1通に対して1ファイルに分割されてしまいます。メールの件数が多いと、その分大量のファイルになってしまいます。本書で紹介した「GainTools PST Converter」を使えば、「受信トレイ」や「送信済みトレイ」といった具合に、あらかじめメールが保存されていたフォルダーと同じ名前のフォルダーを自動的に作成し、EMLファイルを出力してくれるので、ほかの競合ソフトのようにメールデータがグチャグチャになる心配はありません。

Outlookの「アドレス帳」をバックアップする

Outlookの「アドレス帳」データは、「CSV形式（拡張子「.csv」）」形式に出力することで、UbuntuにプリインストールされているThunderbirdへデータを移行することができます。

1 テキストファイルを選択する

P.18の手順 1〜3 を参照して「ファイルのエクスポート」画面を表示し、＜テキストファイル（カンマ区切り）＞をクリックして選択し❶、＜次へ＞をクリックします❷。

2 エクスポートするフォルダーを選択

エクスポートするフォルダーを選択します。ここでは、＜連絡先＞をクリックして選択し❶、＜次へ＞をクリックします❷。

3 保存先を設定する

＜参照＞をクリックして❶、保存先をUSBドライブなどに設定し、＜次へ＞をクリックします❷。

4 処理の実行を確認する

バックアップするフォルダーを確認し、＜完了＞をクリックします。＜フィールドの一致＞をクリックすれば、必要に応じて、アドレス帳データのフィールドを調整できます。

5 バックアップデータを出力する

保存先や重複した場合のオプションがきちんと設定されているか確認し、＜完了＞をクリックして、アドレス帳データをCSV形式に出力します。

COLUMN
Outlook Expressのデータを引き継ぐ

Windows XPなどにプリインストールされているOutlook Expressのデータを引き継ぎたい場合は、まずメールデータのバックアップ用のフォルダーをUSBメモリーなどに作成します。次にOutlook Expressの画面上でメールを選択し、バックアップ用のフォルダーにドラッグ&ドロップすれば、EML形式で保存できます。

COLUMN

Windowsアプリのライセンスを解除する

昨今の有料アプリは著作権保護のため、ネットワーク経由でのアクティベーションが必要になっています。この種のアプリを別のパソコンのWindowsで使い続けるには、ライセンスを解除する必要があります。

Windowsアプリのライセンスを解除する（Microsoft Office）

Word、Excel、PowerPointなどに代表される「Microsoft Office」は、1つのプロダクトキーで2台のパソコンにインストールできます。使わなくなったパソコンからMicrosoft Officeのアクティベーションを解除したい場合は、Microsoftのマイアカウントページ（https://office.microsoft.com/ja-jp/MyAccount.aspx）にアクセスし、＜使われているPC/Mac＞をクリックします。端末名の右側にある＜非アクティブ化＞をクリックし、＜非アクティブ化＞の順にクリックすれば、アクティベーションを解除できます。アクティベーションを解除したあとは、パソコンからOffice製品をアンインストールしましょう。

クリックする

Adobe製品のライセンスを解除する（Creative Cloud、Acrobat DC）

Adobe製品はライセンス管理が厳しいことで知られています。新しいパソコンで使いたい場合は、アクティベーションしている古いパソコンからライセンスを解除する必要がありますが、サブスクリプション方式で利用できるようになった「Creative Cloud」以降のバージョンは、アプリを起動し、＜ヘルプ＞タブ→＜ライセンス認証の解除＞の順にクリックし、＜サインアウト＞をクリックするだけで解除できます。再度別の端末にインストールしたAdobe製品にサインインすれば、利用できます。

クリックする

iTunesの認証を解除する

Appleのメディアプレイヤー「iTunes」を新しいパソコンで使う場合は、ライセンスの解除が義務付けられているわけではありませんが、安全のためにも使わなくなったパソコンの認証を解除しておくことが推奨されています。まずは、「iTunes」を起動し、＜アカウント＞タブ→＜認証＞→＜このコンピューターの認証を解除＞の順にクリックします。サインイン画面が表示されたら、Appleアカウントとパスワードを入力し❶、＜認証を解除＞をクリックすれば❷、iTunesとの認証が解除されます。

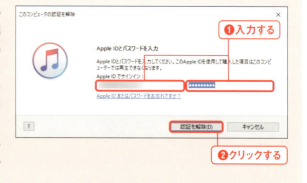

❶入力する
❷クリックする

Chapter **2**

インストール

Ubuntuを インストール しよう

付属DVD-ROMからインストールする	024
リポジトリを追加する	028
デュアルブートでインストールする	030
USBメモリーにUbuntuをインストールする	032

インストール

Chapter 2 | Ubuntuをインストールしよう

付属DVD-ROMから インストールする

- インストール
- ノートPC

ここでは、本書に付属しているDVD-ROMを使って、64bit CPU搭載パソコンに、最新版（2018年8月現在）の「Ubuntu 18.04 LTS 日本語 Remix」をインストールする方法を解説します。32bit CPU搭載パソコンでは、動作しません。

Ubuntuをインストールする

1 付属のDVD-ROMからシステムを起動する

パソコンの光学ドライブに付属DVD-ROMをセットし、パソコンの電源をオンにします。

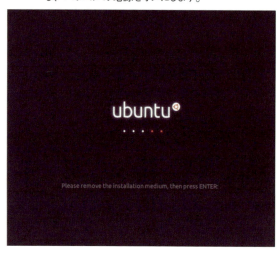

2 インストールを開始する

画面左で＜日本語＞をクリックして選択し❶、＜Ubuntuをインストール＞をクリックします❷。

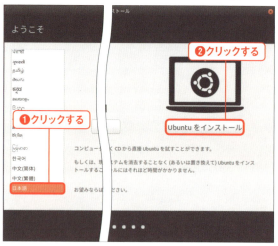

3 キーボードレイアウトを選択する

＜日本語＞が設定されているのを確認して❶、＜続ける＞をクリックします❷。

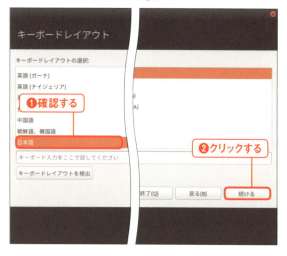

COLUMN

BIOSで起動順位を変更する

付属DVD-ROMからUbuntuを起動するには、Bootメニューを表示し、DVD-ROMを挿入した光学ドライブを選択しましょう。なお、Bootメニューにそれらしいものがない場合は、BIOSで、起動順位をハードディスク優先から光学ドライブ優先に変更しておきましょう。詳細及び設定方法は、P.12〜13を参照してください。

Ubuntu 100% Guide

4 インストールの方法を選択する

＜通常のインストール＞をクリックして選択し❶、＜続ける＞をクリックします❷。

5 インストールの種類を選択する

＜ディスクを削除してUbuntuをインストール＞をクリックして選択し❶、＜インストール＞をクリックします❷。変更許可のポップが表示されたら、＜続ける＞をクリックします。WindowsとUbuntuを併用したい場合は、P.30を参考にします。

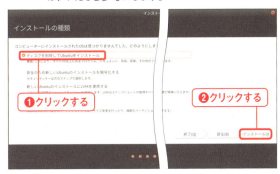

6 使用場所を確認する

＜Tokyo＞が選択されていることを確認して❶、＜続ける＞をクリックします❷。

7 ユーザー名とパスワードを登録する

ユーザー名とコンピューター名、パスワードを入力し❶、＜続ける＞をクリックします❷。

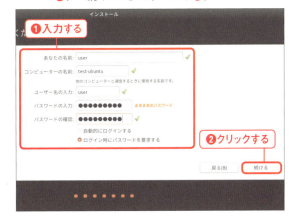

8 インストールを開始する

Ubuntuのインストールが開始されます。この作業にはしばらく時間がかかります。

9 パソコンを再起動する

「インストールが完了しました」と表示されたら＜今すぐ再起動する＞をクリックします。パソコンが再起動され、DVD-ROMが排出されます。

Ubuntu はじめる&楽しむ 100%活用ガイド　025

10 Ubuntuにログインする

Ubuntuのログイン画面が表示されます。手順7で設定したパスワードを入力して❶、＜サインイン＞をクリックします。

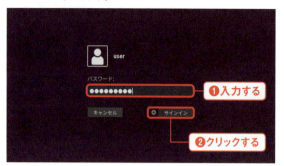

11 Ubuntuの起動が完了する

Ubuntu 18.04 LTSの新機能を知らせるポップが表示されたあと、Ubuntuのデスクトップが表示されたら、インストールは完了です。

Ubuntuを最新の状態にアップデートする

1 アクティビティボタンをクリックする

画面左上のアクティビティボタンをクリックします。

2 「update」と入力する

「アクティビティ」画面が表示されます。「update」と入力します。

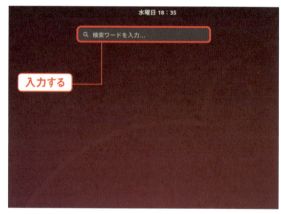

3 Ubuntuをアップデートする

＜ソフトウェアの更新＞をクリックします。アップデートを行うには、ネットワーク接続が必要です。P.44～47を参考に行います。

4 更新データをインストールする

「ソフトウェアの更新」画面が表示されます。＜今すぐインストールする＞をクリックします。

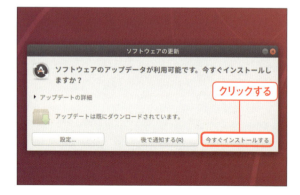

5 インストールを開始する
新しいソフトウェアのインストールが始まります。

6 パソコンを再起動する
シャットダウンの確認画面が表示されます。＜すぐに再起動＞をクリックして、パソコンを再起動します。

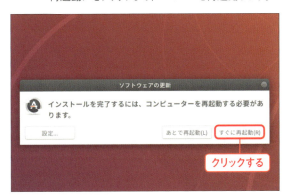

Ubuntuデスクトップ各部の名称

Ubuntuを使う準備が整ったところで、Ubuntuデスクトップの各部名称を覚えましょう。なお、Ubuntu 18.04 LTSでは、「Ubuntuデスクトップ」に、「GNOME Shell（グノムシェル）」と呼ばれるインターフェースが採用されています。

❶アクティビティボタン
クリックすると、起動中のアプリの一覧とワースペースを表示します。

❷Dock
Windowsのタスクバーに該当する箇所です。使用頻度の高いアプリが表示され、アイコンを右クリックすると、さまざまな操作を行えます。

❸アプリケーションボタン
クリックすると、インストール済みのアプリが一覧表示される「Dash画面」（P.38参照）を表示します。

❹トップバー
曜日と日付をクリックすると、カレンダーとメッセージトレイが表示されます。

❺システムメニュー
クリックすると、音量調整、画面の明るさ調整、接続状況、電源操作のほか、文字入力システムといったUbuntuの重要な機能にアクセスできます。

❻デスクトップ
ショートカットやファイルなどを配置して、自由に利用できるスペースです。

インストール Chapter 2 Ubuntuをインストールしよう

リポジトリを追加する

- リポジトリ
- APTライン

「リポジトリ」とは、インターネット上に存在するUbuntu用のアプリ倉庫のことです。「iPhone」の「App Store」や「Android」の「Google Play」に相当します。ここでは、リポジトリの追加方法を解説します。

現在追加されているリポジトリを確認する

1 ＜Ubuntuソフトウェア＞を起動する

Dockから、＜Ubuntuソフトウェア＞をクリックして起動します。

2 「ソフトウェアとアップデート」を表示する

アプリケーションメニューから＜Ubuntuソフトウェア＞をクリックし❶、メニューから＜ソフトウェアとアップデート＞をクリックします❷。

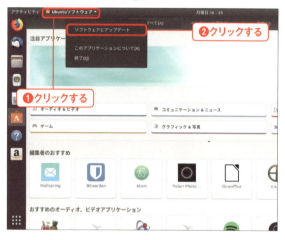

3 「他のソフトウェア」タブを表示する

「ソフトウェアとアップデート」画面が表示されます。＜他のソフトウェア＞タブをクリックします。

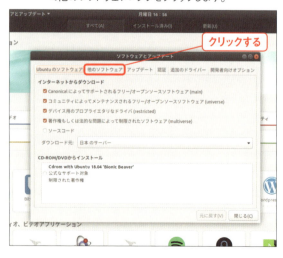

4 現在追加されているリポジトリを確認する

「他のソフトウェア」タブに表示され、チェックが付いているのが現在追加されているリポジトリです。

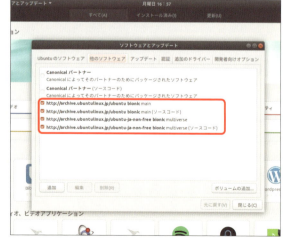

リポジトリを追加する

1 APTラインをコピーする

Webブラウザでサイトにアクセスし、追加したいリポジトリの「APTライン」をコピーします。リポジトリの追加は、マルウェアなどの不正アプリを誤ってインストールしてしまう危険が増えるため、信頼のおけるサイトのみ行いましょう。

COLUMN

APTライン

「APTライン」とは、Ubuntuがアプリのインストールに利用する「APT」というツール用のURLです。手順1は「"Ubuntu Wine Team" team」のサイト（https://launchpad.net/~ubuntu-wine/+archive/ubuntu/ppa）ですが、多くの場合、トップページなどの目立つ場所や、インストール方法の説明ページなどにAPTラインが記載されています。

2 「他のソフトウェア」画面を表示する

「ソフトウェアとアップデート」画面の<他のソフトウェア>タブで、<追加>をクリックします。

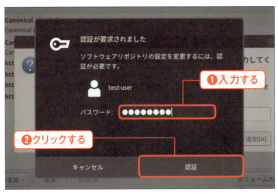

3 APTラインをペーストして入力する

「APTライン」欄に手順1でコピーしたAPTラインを Ctrl + V キーでペーストして入力し❶、<ソースを追加>をクリックします❷。

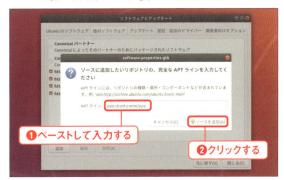

4 パスワードを入力する

「認証」画面の「パスワード」欄にパスワードを入力し❶、<認証>をクリックします❷。

5 リポジトリの追加

「他のソフトウェア」タブにAPTラインが追加され、対象のPPAからアプリが入手可能になります。

インストール　Chapter 2　Ubuntuをインストールしよう

デュアルブートで
インストールする

- パーティション
- デュアルブート

P.24「付属DVD-ROMからインストールする」では、Ubuntuのもっともシンプルなインストール方法を解説しました。このほかにも、Ubuntuのインストーラーには、Windowsと共存させることも可能なインストール方法が用意されています。

Windowsとデュアルブートでインストールする

「デュアルブート」とは、一台のパソコンに複数のOSを共存させ、システム起動時に利用するOSを選択できるようにするシステムインストール方法です。

Ubuntuをデュアルブートとしてインストールするのはかんたんです。また、成功すればこれまでの環境を引き続き利用できるため、たいへん便利です。しかし、デュアルブートでのインストールは、「MBR」という通常アクセスできない領域を書き換えます。そのため、環境によっては、UbuntuやWindowsが起動しなくなったり、パソコン自体が起動しなくなったりすることもあります。

特に、メーカー製パソコンなど、起動時にカスタマイズされたハードウェアのセルフチェック機能やリカバリーメニューが表示されるようなタイプのパソコンでは、トラブルが生じる可能性があります。そのため、事前に必ずバックアップを行い、万一の際にはクリーンインストールしても構わない状態にしてから、インストール作業を行ってください。また、デュアルブートには大量の保存領域（最低でも5GB）が必要となるので、手持ちのハードディスクの空き領域と相談して慎重に行う必要があります。メインで使うOSが決まっていれば、そちらに容量を大きく割くことで、快適に利用できるようになります。

---

1 「インストールの種類」画面を表示する

P.24手順①を参考に作業を進め、Ubuntuインストーラの「ようこそ」画面を表示して、＜Ubuntuをインストール＞をクリックします。

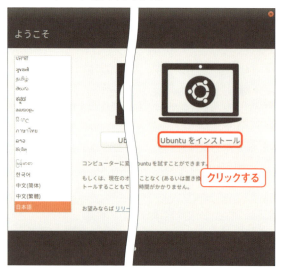

2 ＜Ubuntuを～とは別にインストール＞を選択する

＜インストールの種類＞画面で＜Ubuntuを〈既存のOS〉とは別にインストール＞をクリックして選択し❶、＜続ける＞をクリックします❷。

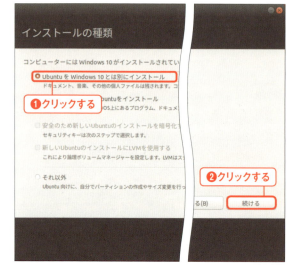

Ubuntu 100% Guide

3 ハードディスク容量を設定する

既存のOSとUbuntu、それぞれが利用するハードディスク容量を設定します。中央の白いバーを左右にドラッグすると❶、それぞれのOSの領域を変更できます。設定したら、＜インストール＞をクリックします❷。

4 ディスクへの書込みを行う

変更が元に戻せないこと、時間がかかることを警告するダイアログが表示されるので、＜続ける＞をクリックします。

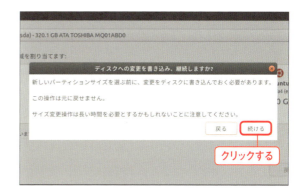

5 インストール作業を続行する

「どこに住んでいますか？」画面が表示されます。P.25の手順 6 ～ 9 を参考に、インストール作業を続行します。「インストールが完了しました」と表示されたら＜今すぐ再起動する＞をクリックします。

6 OSを選択する

インストール終了後にパソコンを再起動すると、OS選択画面が表示されます。起動したいOSを選択して Enter を押すと、選択したOSが起動します。

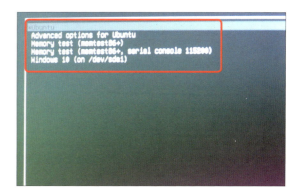

COLUMN

カスタムインストールを行う

デュアルブートは、既存のWindowsを残しつつUbuntuを利用できる便利な機能ですが、2つのOSを共存させるため、容量をたくさん使ってしまいます。Ubuntuには、このほかにもカスタムインストールという方法があり、P.30手順 2 の画面で＜それ以外＞を選択して行います。このインストール方法は、データを保存するパーティションと呼ばれる領域を手動で設定できます。パーティションの設定は、「ルートパーティション」を約5,000MB、「スワップパーティション」を約2,000MBほど、それぞれ用意すれば、快適に利用できるようになります。用途に合わせて、適切なインストール方法を選択しましょう。

インストール | Chapter 2 | Ubuntuをインストールしよう

USBメモリーに Ubuntuをインストールする

- USB
- BIOS

コンピューターウイルスやハードウェアのトラブル、あるいは単なる操作ミスなどでシステムが破壊されてしまうと、時にパソコンは起動すら困難な状況に陥ります。万一に備えてUSBメモリーに、緊急用Ubuntuをインストールしておきましょう。

緊急用にUbuntuをインストールする

緊急用Ubuntuは、公式サイトからディスクイメージをダウンロードし、それをUSBメモリーにインストールすることで簡単に作成することができます。ディスクイメージとは、記録されたデータ（この場合はUbuntuというOS）をまるごと1つのファイルにしたものです。

1 ディスクイメージをダウンロードする

Ubuntu 18.04 LTS 日本語Remixのダウンロードページ（https://www.ubuntulinux.jp/download/ja-remix）から、「ubuntu-ja-18.04-desktop-amd64.iso.torrent（Torrentファイル）」のリンクをクリックしてダウンロードします。

2 ディスクイメージを確認する

＜ファイル＞をクリックして❶、＜ダウンロード＞をクリックし❷、ディスクイメージがダウンロードされていることを確認します。

3 USBメモリーを接続する

パソコンにUSBメモリーを接続し、デスクトップにアイコンが表示されたのを確認したら❶、アプリケーションボタンをクリックします❷。

> **COLUMN**
> **他の作業で使わないUSBメモリーを用意する**
>
> UbuntuをインストールしたUSBメモリーのデータは、完全に消去されます。USBメモリー内に重要なデータが入っていないことを事前に必ず確認してください。

Ubuntu 100% Guide

4 検索欄をクリックする

Ubuntuにインストールされているアプリが表示されます。画面上部の検索欄をクリックします。

5 ブータブルUSBを起動する

検索欄に「usb」と入力すると❶、検索結果に＜ブータブルUSB＞が表示されるので、これをクリックします❷。

6 インストール先を選択する

「ブータブルUSBの作成」画面が表示されます。「使用するディスク」欄でUbuntuをインストールするUSBメモリーをクリックして選択し❶、＜ブータブルUSBの作成＞をクリックし❷、次の画面で＜はい＞をクリックするとインストールが開始します。

7 緊急用USBメモリーが完成する

「インストールが完了しました」画面が表示されたら、緊急用USBメモリーの作成が完了です。＜終了＞をクリックします。

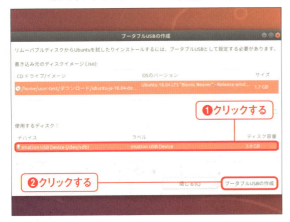

COLUMN

記録済みのUSBメモリーをセットした場合

記録済みのUSBメモリーをセットした場合は、デバイス欄に ➖ が表示され、デバイスの容量が不足していると警告されます。空き容量が10GBもあればインストールできるので、あらかじめFAT32形式でUSBメモリーのフォーマットを行っておきましょう。

Ubuntu はじめる＆楽しむ 100％活用ガイド　033

USBメモリーからUbuntuを起動する

UbuntuをインストールしたUSBメモリー（以下「Live USB」）を使ってシステムを起動する方法は、パソコンによって異なります。すべてを説明することはできませんが、代表的な方法を以下で説明します。

＜Boot Menu＞から起動する

パソコン起動時に何らかのキーを押すと（P.14参照）、起動デバイスを選択するための「Boot Menu」「Boot Device Menu」などが表示できます。「Boot Menu」に「USB-ZIP」「USB-HDD」「USB Strage Device」といった項目があるパソコンでは、それを選択することで「Live USB」からUbuntuを起動できます。また、各メーカーサイトからBIOSの操作方法がサポートされているものもあります。

「Boot Menu」にUSBメモリーを起動できそうな項目がない場合は、「BIOS」設定画面でデバイスの起動順序を変更することで、「Live USB」からの起動が可能になる場合があります。「BIOS」設定画面には必ず、「Boot Device Priority」「First Boot Device」といったデバイスの起動順序を設定する項目があります。この項目で、「USB Memory」「USB ODD」など、USBメモリーに関する項目が上位になるよう、順序を入れ替えてください。

HPの公式サイト（https://support.hp.com/jp-ja/document/c04094117）では、サポートページが存在し、BIOSの操作を含めた設定変更の手順が解説されています。

USBの起動順位に関する項目を見つけましょう。

UEFIから起動する

P.13を参考にUEFIを起動します。パソコンによってUEFIの画面は違いますが、ここでは、「BOOT Option #1」でUSBメモリーが最初に起動されるよう設定しています。

📗 COLUMN

Ubuntuを持ち運ぼう

ここで作ったUbuntuの＜Live USB＞は、緊急用だけではなく、「かんたんに持ち運べるUbuntu」としても便利に活用できます。もちろん、USBメモリーを挿して使うためのパソコンは必要ですが、自分だけの環境を、手のひらサイズのUSBメモリーでどこにでも持ち歩けるのは、非常に便利です。加えて、P.33手順6「ブータブルUSBの作成」画面で、「データ保存領域を確保し、行われた変更を保存する」欄である程度まとまった容量を設定しておけば、作成した文書や画像、動画といったコンテンツも、そのままUSBメモリー内に保存しておけます。まさに、「手のひらサイズのパソコン」として使うことができます。

基本操作

Chapter 3

基本操作を覚えよう

Ubuntuの起動と終了	036
Dash機能を利用する	038
Dockを利用する	042
インターネットに接続する	044
ディスプレイを設定する	048
ワークスペースを活用する	050
アプリのメニュー操作を理解する	052
日本語入力を行う	054
ファイルやフォルダーを操作する	056
バックアップしておいたファイルを移動する	058
アプリをインストールする	060

基本操作 | Chapter 3 | 基本操作を覚えよう

Ubuntuの起動と終了

- 起動
- 終了

本章では、Ubuntuの基本操作について説明します。まずは、Ubuntuの起動と終了の方法を確認してみましょう。Ubuntuの終了方法にはいくつか種類があるので、用途に合ったものを選びましょう。

Ubuntuを起動する

1 アカウントを選択する

Ubuntuがインストールされたパソコンの電源を入れると、Ubuntuのログイン画面が表示されます。まずは、アカウントをクリックして選択します。

> **COLUMN**
>
> ### ブートメニューが表示された場合
>
> デュアルブート環境などUbuntuの環境によっては、パソコン起動直後に特殊な画面が表示される場合があります。これはUbuntuのブートメニューです。いちばん上の＜Ubuntu＞を選択して Enter を押すと、Ubuntuが起動します。
>
>

2 Ubuntuへのログインが完了する

正しいパスワードを入力するとUbuntuへのログインが完了し、Ubuntuのデスクトップ画面が表示されます。

> **COLUMN**
>
> ### 複数のアカウントがある場合
>
> Ubuntuに複数のアカウントが存在する場合は、手順1でログインしたいアカウントをクリックして、「パスワード」欄にパスワードを入力してください。
>
>

Ubuntuを終了する

次に、Ubuntuを終了する方法を説明します。Ubuntuの終了作業は、デスクトップ右上にあるシステムメニューをクリックします。Ubuntuの終了方法には、以下の3つがあります。

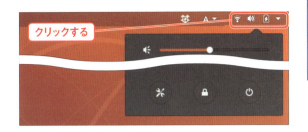

Ubuntuを「電源オフ」する

「電源オフ」は、Ubuntuのシステムを完全に落とす終了方法です。「電源オフ」すると、保存していない編集中のデータはすべて失われます。システムメニューをクリックし、⏻→＜電源オフ＞をクリックすると、パソコンの電源が落ちます。⏻→＜再起動＞をクリックすると、パソコンが再起動されます。

Ubuntuを「サスペンド」する

「サスペンド」は、Ubuntuでの作業を終了することなく、システムの電源を落とす終了方法です。「サスペンド」なら、編集中のデータを失うことなくパソコンの電源を落とせます。⏻を長押しすると、⏸（サスペンドボタン）に変わります。クリックすると次回起動時にはログイン画面が表示され、正しいパスワードを入力すればサスペンド実行時の作業内容がそのまま復元されます。

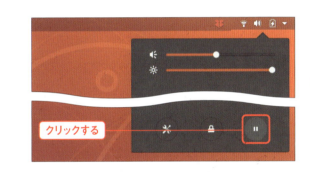

Ubuntuを「ログアウト」する

「ログアウト」は、Ubuntuのシステムを終了させることなく、現アカウントのログイン状態だけを解除する終了方法です。保存していない編集中のデータはすべて失われますが、Ubuntuのシステム自体は終了しないため、再ログインやほかのアカウントへの切り替えが迅速にできます。アカウント名をクリックし❶、＜ログアウト＞をクリックすれば❷、ログアウトできます。

COLUMN
画面をロックする

「ロック」は、作業を一時中断するための機能です。システムメニューで🔒をクリックするとログイン画面が表示され、パスワードを入力するまでパソコンが操作できなくなります。また、パスワードを入力すれば、ロックした時点の作業状態が復元されます。つまり、作業内容を失うことなくパソコンの動作を一時停止し、他人に勝手に使われるのを防ぐための機能です。

基本操作 | Chapter 3 基本操作を覚えよう

Dash機能を利用する

- Dash
- 検索

ここでは、Ubuntuの「Dash」機能の利用方法を説明します。Dash機能は、Windowsの「スタートメニュー」に相当する機能です。Ubuntuの機能のほとんどは、Dash機能から利用できます。

Dash画面を確認する

❶アプリケーションボタン
アイコンをクリックするとDash機能が起動します。Dash画面が表示された状態でクリックすると、Dash画面を閉じます。

❷検索フォーム
検索ワードの入力欄です。ここで入力したキーワードに合致するアイテムが「❸アプリ一覧／検索結果」に表示されます。

❸アプリ一覧／検索結果
アプリの一覧が表示される部分です。検索機能を利用したときは、検索結果が表示されます。

❹「常用」タブ／「すべて」タブ
「常用」タブは、よく使うアプリの一覧を表示します。「すべて」タブは、Ubuntuにインストールされているすべてのアプリを表示します。

❺ページ切り替えボタン
アプリの一覧を次の画面や前の画面に切り替えるボタンです。

Dash画面のページを切り替える

Dash画面を確認したら、続いてDash機能を起動してみましょう。Dash機能を起動すると、アプリの一覧が表示されます。一度に表示されるアプリは、1ページにつき24個までです。それ以上ある場合は、次のページで表示されます。ページの切り替えは、画面右側に配置されているページ切り替えボタンで行います。

1 Dash機能を起動する

Dash機能は、Ubuntuのランチャーから起動します。アプリケーションボタンをクリックして、Dash機能を起動します。

2 Dashのタブを切り替える

最近使っていたアプリの一覧が表示されます。画面下部の＜すべて＞タブをクリックして、Dashのタブを切り替えます。

3 ページ切り替えボタンで次のページを表示する

Ubuntuにインストールされているすべてのアプリが表示されます。現在表示されているページは◯で表されます。次のページに切り替えるには、◯をクリックします。

4 次のページに切り替わる

次のページに切り替わります。前のページに戻りたい場合は、再度◯をクリックすれば切り替わります。

COLUMN

マウスのスクロールホイールでも切り替えできる

ページ切り替えボタンをクリックしなくても、マウスのスクロールホイールでスクロールすれば、ページを切り替えることが可能です。

Dash画面からアプリを起動する

Ubuntuは、Windowsと同じような操作でアプリを起動できます。Ubuntuでアプリを使う場合は、基本的にDashから起動します。Dashでは、Ubuntuの各種設定に対応したアイコンをクリックすることでアプリを起動できます。

1 Dash機能を起動する
アプリケーションボタンをクリックして、Dash機能を起動します。

2 アイコンをクリックする
Dash内から、起動したいアプリのアイコンをクリックします。

3 アプリが起動する
アプリが起動します。起動中のアプリは、Dockにもアイコンが表示されます。

4 アプリを終了する
アプリを終了する場合は、ウィンドウの右上にある❌をクリックします。ウィンドウを最大化する場合は▢、ウィンドウを最小化する場合は▬をクリックします。

COLUMN

「常用」タブを活用する

Dashで＜常用＞タブをクリックすると、最近起動したことのあるアプリが優先的に表示されます。ここからアプリのアイコンをクリックして起動することも可能です。

アプリを検索する

1 検索フォームをクリックする
Dash画面の上部にある検索フォームをクリックします。

2 キーワードを入力する
検索フォームにアプリその他の名称、または名称の一部を入力します。キーワードに合致するアイテムが自動で検索されます。

3 アプリを起動する
手順2の検索結果から起動したいアプリのアイコンをクリックすると、アプリが起動します。

COLUMN
ほかの検索結果を確認する

検索結果の画面下部では、アプリ以外にほかの検索結果も表示されることがあります。詳細を確認する場合は、＜Ubuntuソフトウェア＞や＜設定＞などをクリックしましょう。

COLUMN
検索除外カテゴリーを設定する

Dash画面での検索対象は、Ubuntu内のアプリ、設定、ファイルなどすべてが対象となります。検索結果のカテゴリを絞り込みたい場合は、システムメニューから❎をクリックして「設定」画面を開き、＜検索＞タブをクリックします。検索の対象に加えたくないカテゴリは、＜オン＞をクリックして「オフ」にしておきましょう。

基本操作 | Chapter 3 基本操作を覚えよう

Dockを利用する

- Dock
- アイコン

Ubuntuの「Dock」は、Windowsの「タスクバー」に相当する機能です。よく使うアプリを登録しておけば、起動しやすくなります。自分の使いやすいように、Dockをカスタマイズしましょう。

Dockの使い方

1 Dockからアプリを起動する

Dockに並んでいるアプリのアイコンから、起動したいアプリのアイコンをクリックします。

2 Dockからアプリを終了する

Dockに並んでいるアプリのアイコンから、終了したいアプリのアイコンを右クリックします❶。＜終了＞をクリックすると❷、アプリが終了します。

COLUMN

アプリメニューを使う

アプリの中には、Dock上のアイコンを右クリックすると、メニューが表示されるものもあります。たとえばメールアプリの「Thunderbird」の場合、アイコンをそのままクリックすると受信トレイが開きますが、Dock上のアイコンを右クリックすると、新しいウィンドウで同じアプリを開いたり、メッセージ作成画面を直接表示したりできるので、操作効率が上がります。

＜Thunderbird＞を右クリックし、アプリメニューから＜新しいメッセージの作成＞をクリックすると、直接メッセージ作成画面を表示できます。

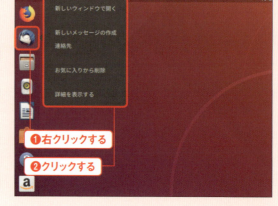

アプリをDockに追加する

1 追加するアプリを検索する
P.41を参照してDockに追加したいアプリを検索します。ここでは「カレンダー」アプリを検索しています。

2 アイコンを追加する
選択したアプリのアイコンを、Dockの好きな位置までドラッグします。追加されると、画面上部に「(アプリ名)をお気に入りに追加しました。」というバナーが表示されます。

3 アイコンが追加される
アプリのアイコンがDockに追加されます。以降は、アイコンからアプリを起動できます。

4 アイコンを削除する
Dockからアイコンを削除したい場合は、アプリのアイコンを右クリックして❶、<お気に入りから削除>をクリックします❷。

COLUMN

Dockの外観を変更する

システムメニューの をクリックして「設定」画面を起動し、<Dock>をクリックすると、Dockの外観をカスタマイズできるメニューが表示されます。

アイコンのサイズを変更する

「Dock」画面の「アイコンのサイズ」では、スライダーを左右にドラッグして、アイコンのアイコンサイズを変更できます。

Dockを自動的に隠れるようにする

「Dock」画面の「Dockを自動的に隠す」では、Dockを自動的に隠れるように設定することができます。

基本操作 | Chapter 3 基本操作を覚えよう

インターネットに接続する

- LAN
- Wi-Fi

インターネット接続は今のパソコンに必須です。ネットワークの接続設定を行い、インターネットを楽しみましょう。なお、Wi-Fiに接続する場合は、あらかじめアクセスポイントとパスワードを確認しておきましょう。

Wi-Fi接続を行う

Ubuntuは、Wi-Fiネットワークでの無線接続やLANケーブルでの有線接続に対応しています。インストール時には自動的にLANネットワークの設定を行ってくれるため、大半のパソコンはUbuntuをインストールするだけで、特に設定することなくネットワークに接続できます。

1 Wi-Fiの接続設定を行う
システムメニューをクリックし❶、＜Wi-Fi未接続＞をクリックします❷。

2 ネットワークを検索する
メニューが表示されたら、＜ネットワークを選択＞をクリックします。

3 接続したいネットワークを選択
接続可能なWi-Fiアクセスポイント（SSID）が一覧表示されます。接続したいWi-Fiアクセスポイントをクリックし❶、＜接続＞をクリックします❷。

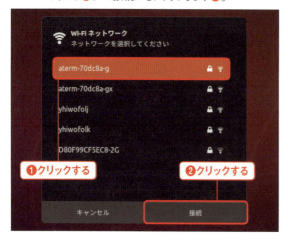

COLUMN
Wi-Fi接続前の準備

Wi-Fiアダプターが外付けの場合は、あらかじめ設定をしておきます。また、ノートパソコンにWi-Fiのオン／オフスイッチが配置されている機種もあるので、オンになっているか確認しましょう。

044

4 ネットワーク認証を行う

Wi-Fiネットワークの認証画面が表示されます。「パスワード」欄に、接続先のアクセスポイントのパスワードまたは暗号化キーを入力して❶、＜接続＞をクリックします❷。

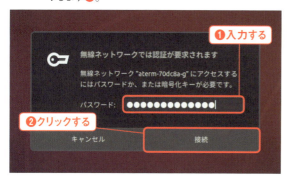

5 Wi-Fiネットワークに接続される

Wi-Fiアクセスポイントに接続されると、システムメニューにWi-Fiのアイコンが表示されるようになります。接続していないときは、アイコンが消えます。

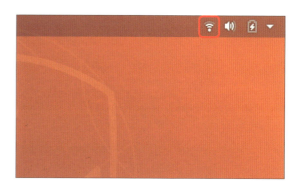

Wi-Fiネットワークを切断する

1 切断するネットワークを選択

システムメニューをクリックし❶、切断したいWi-Fiネットワークをクリックします❷。

2 ネットワークをオフにする

＜オフにする＞をクリックして、Wi-Fiネットワークを切断します。

3 ネットワークが切断される

ネットワークの切断に成功すると、機内モードのアイコンが表示されます。再び接続するには、システムメニューをクリックして＜Wi-Fiオフ＞→＜オンにする＞の順にクリックします。

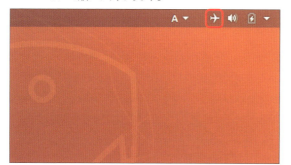

COLUMN
一度設定すれば自動接続される

一度でも接続したことがあるWi-Fiアクセスポイントなら、次回以降はパスワード入力をしなくても自動的に接続されます。接続したことがあるWi-Fiアクセスポイントが周辺に複数ある場合は、もっとも電波が強いものへ優先的に接続されます。

一覧に表示されないアクセスポイントに接続する

1 設定画面を開く
システムメニューをクリックし❶、❇をクリックして「設定」画面を開きます❷。

2 非表示のネットワークを検出する
＜Wi-Fi＞をクリックし❶、ウィンドウ右上の☰をクリックして❷、＜非表示のネットワークに接続＞をクリックします❸。

3 ネットワークとセキュリティを手動設定する
接続先のネットワーク名（SSID）、セキュリティシステム、パスワードまたは暗号化キーを入力して❶、＜接続＞をクリックします❷。

4 ネットワークに接続される
非表示設定になっていたネットワークに接続されます。

COLUMN
有線で接続する場合

Ubuntu搭載のパソコンで有線接続する場合は、Wi-Fiのようにネットワークの認証を行う必要はありません。ほとんどの場合はパソコンとブロードバンドルーターを、LANケーブルで接続するだけでかんたんに接続できます。接続が完了すると、システムメニューにネットワークアイコンが表示されます。ただし、デュアルブートでUbuntuを利用している場合は、IPアドレスが正常に取得できない場合があります。その場合はシステムメニューの中から＜ネットワーク＞をクリックし、「有線」の✿をクリックして、＜Ipv4＞タブから静的アドレスを設定し、＜適用＞をクリックしましょう。

COLUMN

Wi-Fiネットワークの編集画面

Wi-Fiネットワークの編集画面を開くには、P.46の手順2で画面右側に表示されている※をクリックします。

「Identity」タブ

「MACアドレス」の確認や編集ができます。接続先アクセスポイントが、Wi-FiアダプターのMACアドレスを利用した接続拒否設定（下記参照）を行っている場合は、ここから設定を変更します。

「セキュリティ」タブ

アクセスポイントのセキュリティ方式や、パスワード（暗号化キー）などが確認、編集できます。Wi-Fiの接続トラブルの多くは、単純なパスワード入力ミスです。接続できない場合は＜パスワードを表示＞にチェックを付け、入力ミスを確認します。

「詳細」タブ

Wi-Fiネットワークの詳細を確認できます。自動接続やゲストの利用の可否なども設定できます。

「IPv4」「IPv6」タブ

「DNSサーバ」や「DHCPクライアント」などの設定を確認、編集できます。通常は変更しません。

「MACアドレスフィルタリング」で接続がブロックされる場合は

「Wi-Fiアクセスポイント」には、「MACアドレスフィルタリング」と呼ばれるセキュリティ機能が備わっています。「MACアドレス」とは、ネットワーク機器固有の識別番号で、MACアドレスフィルタリングとは、あらかじめ設定した「MACアドレス」を持つネットワーク機器以外の接続を拒否する機能です。MACアドレスフィルタリングを利用している場合は、Wi-Fiアクセスポイントに、あらかじめパソコンのWi-FiアダプターのMACアドレスを登録しておく必要があります。Wi-FiアダプターのMACアドレスは、Ubuntuでは上記の「Identity」タブから確認できます。

ディスプレイを設定する

- ディスプレイ
- ドライバー

Ubuntuのディスプレイドライバーのインストールについて解説します。Ubuntuの初期設定では「オープンソースドライバー」が設定されていますが、古いパソコンには対応していない場合があります。

Ubuntuの2種類のドライバー

Ubuntuには、大きく分けて2種類のドライバーがあります。「オープンソースドライバー」と、「プロプライエタリドライバー」です。まずは、この2種類のドライバーの特徴をおさえておきましょう。なお、通常では初期設定の「オープンソースドライバー」が設定されており、画面の表示に不具合がない場合は、設定を変更する必要はありません。表示される画面の解像度に関する設定は、P.122で解説します。

Ubuntuの初期設定は「オープンソースドライバー」

Ubuntuコミュニティによって作成された、オープンソースのドライバーです。初期状態のUbuntuでは、オープンソースドライバーが優先されます。オープンソースドライバーの利点は、更新頻度が高いことです。バグ対策などに関しては、プロプライエタリドライバーより優れている場合が少なくありません。また、ドライバーの完成度も現在ではプロプライエタリドライバーに劣らないレベルに達しています。なお、画面にとくに不具合がない場合は、ここで解説する設定を行う必要はありません。

メーカー公式の「プロプライエタリドライバー」

プロプライエタリドライバーは、NVIDIA社やAMD社といった、ビデオカードのメーカーが公開する公式ドライバーです。プロプライエタリドライバーは「非オープンソース」で、サポートはメーカーの手にゆだねられています。プロプライエタリドライバーの利点は、メーカー製の公式ドライバーであることです。ビデオカードの性能を100%引き出すという点においては、オープンソースドライバーより優れている場合があります。

COLUMN

どちらのドライバーがよい？

プロプライエタリドライバーはメーカー公式ドライバーのため、ビデオカードの性能を100%引き出せます。そのため、オープンソースドライバーからプロプライエタリドライバーに変更すると、これまでは使えなかった機能が利用可能になったり、ビデオカードのパフォーマンスが上がったりすることがあります。一方、プロプライエタリドライバーは非オープンソースのため、サポートがメーカー任せで、アップデート頻度があまり高くありません。そのため、オープンソースドライバーより安定性に欠ける場合があり、セキュリティ対策もオープンソースドライバーと比べると、遅れる場合が少なくありません。
現在のオープンソースドライバーは、完成度が向上し、性能面でもプロプライエタリドライバーに劣らないレベルになっています。ですから、オープンソースドライバーが安定動作している場合には、無理にプロプライエタリドライバーをインストールする必要はありません。一方、必要な機能が使えなかったり、描画自体に問題がある場合は、最新のプロプライエタリドライバーを試してみるとよいでしょう。

Ubuntu 100% Guide

プロプライエタリドライバーをインストールする

1 ソフトウェアとアップデートを起動する

Dockから＜Ubuntuソフトウェア＞をクリックして起動し❶、トップバーの＜Ubuntuソフトウェア＞をクリックして❷、メニューから＜ソフトウェアとアップデート＞をクリックします❸。

2 ダウンロード対象を選択する

「ソフトウェアとアップデート」画面の「Ubuntuのソフトウェア」タブが表示されます。「デバイス用のプロプライエタリなドライバ」欄にチェックが付いていることを確認してください❶。確認したら、＜追加のドライバー＞タブをクリックします❷。

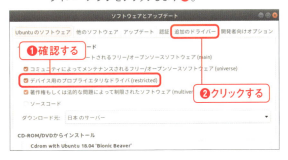

3 ドライバーを選択する

「追加のドライバー」タブが表示され、利用可能なドライバーが一覧表示されます。インストールしたいドライバーをクリックして❶、＜変更の適用＞をクリックします❷。

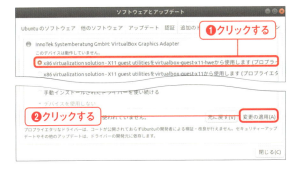

4 パスワードを入力する

認証画面が表示されたらログイン用のパスワードを入力して❶、＜認証＞をクリックすればインストールが開始されます❷。

5 ドライバーを適用する

デバイス名のマークがアクティブになれば、ダウンロードおよびインストールは終了です。＜閉じる＞をクリックして画面を閉じます。

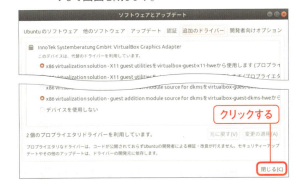

COLUMN 複数のドライバーがある場合

複数のドライバーが選択可能な場合は、「推奨」「検証済み」「最新」などの記載があるドライバーを優先するのが無難です。これらの記載がない場合は、ドライバー名に含まれている「バージョンナンバー」を参考に、もっとも新しいもの（バージョンの数字が大きいもの）を選ぶとよいでしょう。

| 基本操作 | Chapter 3 | 基本操作を覚えよう |

ワークスペースを活用する

- ワークスペース
- 切り替え

Ubuntuは、「ワークスペース」と呼ばれる表示領域を活用して、デスクトップを拡張して利用できます。ワークスペース間は自由に行き来することができるので、うまく使えば作業の効率を大幅に向上できます。

ウィンドウをほかのワークスペースに移動する

1 アプリを複数起動する
Dockの中から、任意のアプリを複数クリックして起動します。

2 「アクティビティ」画面を表示する
アクティビティボタンをクリックします。

3 「アクティビティ」画面を確認する
起動中のアプリのウィンドウが「アクティビティ」画面に表示されます。

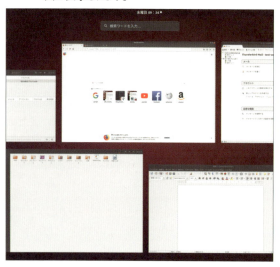

4 アプリのウィンドウを選択する
移動したいアプリのウィンドウに、マウスポインターを合わせると、ウィンドウが選択されます。

5 ワークスペースにドラッグする

ウィンドウを選択した状態で、画面右にドラッグすると、ワークスペースが2つ表示されます。そのうち下のワークスペースを選んでドロップします。

6 ウィンドウが移動する

ウィンドウが1つ下のワークスペースに移動し、その下に新たなワークスペースが1つ増えます。

ワークスペースを切り替える

1 ワークスペースを選択する

移動したいワークスペースをクリックします。

2 ワークスペースが切り替わる

ワークスペースが切り替わります。もう一度ワークスペースをクリックすると、「アクティビティ」画面が閉じます。

COLUMN

ウィンドウのメニューから移動する

アプリウィンドウのタイトルバーを右クリックすると、ワークスペースの移動に関する項目が表示されます。これらを選択することで、ウィンドウをほかのワークスペースに移動させることもできます。

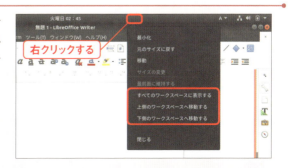

基本操作 | Chapter 3 | 基本操作を覚えよう

アプリのメニュー操作を理解する

- アプリ
- 操作方法

Ubuntuは、GNOME（グノーム）と呼ばれるシンプルなデスクトップ環境を採用しています。ここでは、そんなGNOME特有のアプリのメニュー操作と、ほかの環境でもおなじみのアプリのメニュー操作を解説します。

GNOMEアプリのメニュー操作

GNOMEアプリの一例として、ここでは「ファイル」アプリを例にメニュー操作を解説します。基本的には、トップバーに表示されるメニューではアプリ内の操作を、画面右のメニューボタンではアプリの設定や表示変更などを行います。

「ファイル」アプリのメニュー操作

トップバーには、起動しているアプリの名前（ここでは「ファイル」）が表示され、クリックすると、設定によって表示や動作をカスタマイズすることができます。また、＜キーボードショートカット＞をクリックすると、アプリ内で使用できる便利なショートカットキーが一覧表示されるため、作業を効率化することができます。

「ファイル」アプリのメニューボタン操作

画面右側のをクリックすると、新しいフォルダの作成や新しいタブの作成、アイコンの大きさ変更のほか、ファイルの並べ替え、隠しファイルの表示／非表示といった操作を行うことができます。

そのほかのアプリのメニュー操作

Windowsのユーザーにもなじみ深いメニューバーを持つアプリに、「Firefox」や「Thunderbird」があります。ただし、初期状態ではメニューバーが表示されていないので、最初に設定しておくと後々便利です。トップバーのメニューではアプリの終了しかできませんが、画面右側のメニューボタンではメニューバーと同様の操作ができる点が特徴です。

「Firefox」のメニューバー操作

タブの右側で右クリックし、＜メニューバー＞をクリックすることで、常時メニューバーを表示することができます。

新しいタブやウィンドウを設定できる「ファイル」、Webページ内のテキストのコピーやペーストができる「編集」、過去に閲覧したWebページを表示する「履歴」などがあります。そのほか、お気に入りのWebページを登録できる「ブックマーク」、ダウンロードしたファイルを確認したりWebページの情報を確認したりできる「ツール」、操作方法についてサポートしてくれる「ヘルプ」があります。

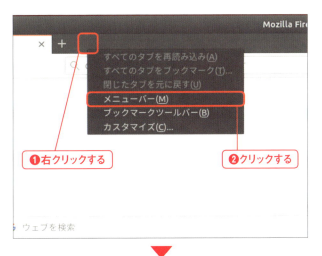

「Firefox」のメニューボタン操作

画面右側の≡をクリックすると、画面のズームのほか、メニューバーの機能の中から特によく使われるものがまとめて表示されます。Firefoxの操作上で迷った場合は、まずこのボタンをクリックしてみるとよいでしょう。

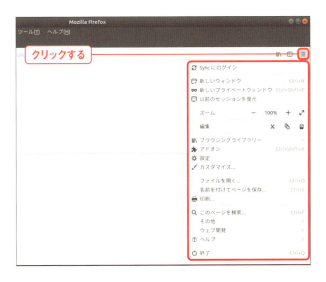

基本操作 | Chapter 3 基本操作を覚えよう

日本語入力を行う

- 日本語入力
- 変換

日本語版Ubuntuは、最初から日本語入力が可能です。ここでは、Windowsの文字入力と同じ感覚で、Ubuntuでの日本語入力や変換、単語登録を行う方法を解説します。

ウィンドウをほかのワークスペースに移動する

Ubuntuでの日本語入力のオン／オフは、初期状態ではWindowsと同様に、[半角/全角]で切り替えます。現在の日本語入力の状態が、Ubuntuのトップバーに表示されます。

日本語入力オフ時のトップバー

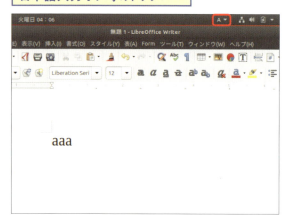

日本語入力オン時のトップバー

入力文字種を切り替える

1 <入力モード>を表示する

トップバーの A▼ をクリックして❶、<入力モード>をクリックします❷。

2 入力文字種を選択する

入力したい文字種をクリックして選択します。「●」が付いているのが現在の入力文字種です。

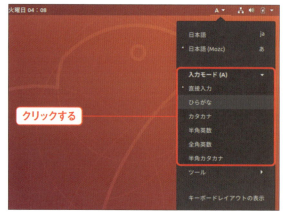

054

変換する

1 文字を入力する
文字入力種が「ひらがな」のときには、入力した文字が「＿」（アンダーバー）付きで表示されます。これが変換待ち状態です。

2 変換する
を1回押すと、最有力候補の漢字や単語に変換されます。これでよければEnterを押すと、変換が確定されます。

3 ほかの候補を表示する
ほかの漢字や単語に変換したい場合は、さらにSpaceを押します。2回目のSpaceを押すと、漢字の候補が一覧表示されます。Tabや↑↓を使って変換したい漢字を選択し、Enterを押して変換を確定させます。

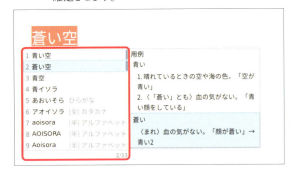

COLUMN 予測変換機能を使う
Ubuntuの日本語入力システムには、「予測変換」機能があります。手順①の文字入力時には、途中までしか入力していない時点から、予測されうる単語候補が表示されるようになっているのです。候補の中に目的の単語がある場合は、この段階でTabを押して選択し、Enterを押すと予測される文字に変換されます。

よく使う単語を登録する

1 単語登録を行う
トップバーの A▼ をクリックして❶、＜ツール＞をクリックし❷、＜単語登録＞をクリックします❸。

2 単語登録画面が表示される
「単語」欄に登録したい単語、「よみ」欄に単語のよみを入力して❶、＜OK＞をクリックします❷。登録後は、「よみ」欄に入力した文字列が、「単語」欄に入力した文字列に変換されるようになります。

基本操作 | Chapter 3 | 基本操作を覚えよう

ファイルやフォルダーを操作する

- ファイル
- フォルダー

ここでは、Ubuntuでファイルやフォルダーのコピー、移動、リネーム、削除などを行う方法を解説します。なお、Ubuntuでのファイル操作には、Windowsの「エクスプローラー」に相当するアプリである「ファイル」を使います。

「ファイル」各部の名称と役割

ファイルを表示するには、Dockから＜ファイル＞アイコンをクリックします。まずは、各部名称を覚えて、ファイルの役割を確認しましょう。

❶メニュー
起動しているアプリの名前（ここでは「ファイル」）が表示されます。アプリの設定を開くことができます（P.52参照）。

❷戻る／進むボタン
ファイル／フォルダー表示領域に表示するフォルダーを移動するためのボタンです。＜をクリックすると1つ前に表示していたフォルダーに戻ります。＞をクリックすると、＜をクリックする前に表示していたフォルダーに戻ります。

❸サイドバー
「ホーム」のように使用頻度の高いユーザーフォルダーや、「USBメモリー」「CD」「DVD」といったデバイスへのショートカットが表示される領域です。クリックすると、対象アイテムを表示できます。

❹アドレスバー
ファイル／フォルダー表示領域に表示されているフォルダーの場所を表示する領域です。フォルダーは「ボタン」として表示され、クリックすることで対象フォルダーを表示できます。

❺タブ
新しいウィンドウを開かなくても、複数のフォルダーを1つの画面内で切り替えながら表示できる機能です。タブには開いているフォルダーの名称が表示されます。

❻検索ボタン
クリックすると検索フォームが表示され、キーワードでファイルやフォルダーを検索できます。

❼表示切り替えボタン
ファイル／フォルダー表示領域でのファイルやフォルダーの表示方法を切り替えます。田をクリックすると、ファイルやフォルダーがアイコンで表示されます。≡をクリックすると、ファイルやフォルダーが一覧表示になります。

❽メニューボタン
クリックすると新しいフォルダーを作成したりアイコンの大きさを変更したりできます（P.52参照）。

❾ウィンドウ操作ボタン
右から順に、「閉じる」ボタン、「最小化」するボタン、「最大化」するボタンです。

❿ファイル／フォルダー表示領域
「アドレスバー」に表示されているフォルダーの中身が表示されます。

ファイルやフォルダーを移動・コピーする

右クリックから作業する

ファイル／フォルダー表示領域で対象のファイルやフォルダーを右クリックすると、メニューが表示されます。ファイルのリネームや削除など実行したい項目をクリックして選択します。

新しいタブで開く

タブで表示したいフォルダーを右クリックし❶、＜新しいタブで開く＞をクリックすると❷、選択したフォルダーを新しいタブで表示できます。タブをクリックすると、別のフォルダー内のファイルやフォルダーが表示されます。

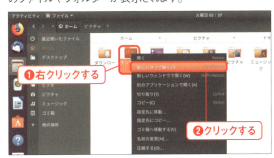

ドラッグで作業する

ファイル／フォルダー表示領域で対象のファイルやフォルダーを選択して、サイドバー上のアイテムやフォルダーにドラッグして移動できます。このとき Ctrl を押しながらドラッグするとコピーできます。タブ上にドラッグすることでも同じ操作ができます。また、＜ファイル＞をクリックして＜新しいウィンドウ＞をクリックし、別の「ファイル」ウィンドウを表示しても、同じ操作で移動できます。

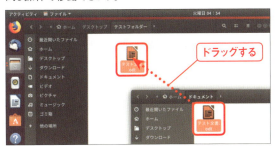

「ファイル」をカスタマイズする

「ファイル」は使用頻度の高いアプリですから、使いやすいようカスタマイズしておくとよいでしょう。「ファイル」のカスタマイズは、アプリケーションメニューの＜ファイル＞をクリックし❶、＜設定＞をクリックして❷、行います。

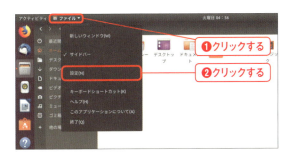

COLUMN

アイコンの大きさを変更する

「ファイル」の ≡ をクリックし、＋ をクリックするとファイル／フォルダー表示領域に表示されるアイコンを拡大できます。− をクリックすると、縮小されます。

| 基本操作 | Chapter 3 | 基本操作を覚えよう |

バックアップしておいた
ファイルを移動する

- バックアップ
- USBメモリー

ここでは、「ユーザーフォルダー」のバックアップデータを例に、P.16でバックアップしたデータを、Ubuntuに移動しましょう。移動したファイルは、種類ごとにわかりやすく整理します。

USBメモリーからUbuntuにコピーする

1 USBメモリーをセットする

パソコンにUSBメモリーをセットします。デスクトップにUSBメモリーのアイコンが表示されます。アイコンをダブルクリックすると、USBメモリー内のデータが表示されます。

COLUMN
USBメモリー以外を接続した場合

「USB接続のハードディスク」や「SDカード」など、USBメモリー以外のデバイスをセットした場合には、デバイスに応じたアイコンがデスクトップに表示されますが、作業手順はUSBメモリーの場合と変わりません。

2 データをコピーする

バックアップしたデータを右クリックして❶、＜指定先にコピー＞をクリックします❷。なお、ここでは例として「ミュージック」フォルダーを選んでいます。

3 コピー先を選択する

「コピーする宛先の選択」画面が表示されるので、コピー先をクリックして❶、＜選択＞をクリックします❷。なお、ここでは例としてWindowsの「ミュージック」に相当する＜ミュージック＞にコピーします。

4 コピー先を確認する

コピー先を確認し、バックアップしたデータがコピーされていることを確認します。

COLUMN
データの移送に関する操作

ここではバックアップデータを「指定先にコピー」でUbuntuに移動させましたが、もちろん「指定先に移動」でも構いません。ただし、OS変更にはさまざまなトラブルの可能性があり、場合によってはUbuntuを再インストールするような深刻な状況に陥る場合もあります。そういった場合に備えて、バックアップした元データは、そのまま残しておくとよいでしょう。

Ubuntu上でファイルを整理する

Ubuntu上でユーザーが利用するファイルやフォルダーの保存場所、つまり、Windowsの「ユーザーフォルダー」（P.16参照）にあたるフォルダーは、「ホーム」です。「ホーム」には初期状態で、「ダウンロード」「テンプレート」「デスクトップ」「ドキュメント」「ビデオ」「ピクチャ」「ミュージック」「公開」そして「サンプル」の9つのフォルダーが作成されています。コピーした「ユーザーフォルダー」内のファイルは、これらのフォルダーを利用して下記のように整理します。

Windows 10の「ドキュメント」フォルダー	→	Ubuntuの「ドキュメント」フォルダー
Windows 10の「ミュージック」フォルダー	→	Ubuntuの「ミュージック」フォルダー
Windows 10の「ピクチャ」フォルダー	→	Ubuntuの「ピクチャ」フォルダー
Windows 10の「ビデオ」フォルダー	→	Ubuntuの「ビデオ」フォルダー
その他の「ユーザーフォルダー」内のファイル	→	Ubuntuの「ホーム」フォルダー

COLUMN
フォルダーごとに整理する

データは、「ビデオ」「ピクチャ」など、その種類ごとにフォルダー分けされますが、データの量が増えてくると、探すのがだんだん大変になります。もちろん、データの種類に関係なくどの場所に保存しても、「アクティビティ」画面で検索すれば見つけられますが、その都度ファイル名を入力するのは手間がかかります。また、ファイル名を忘れてしまったりするとさらに探すのに時間がかかってしまいます。そのため、日付や内容ごとにフォルダーを作っておくとよいでしょう。

基本操作

Chapter 3 　基本操作を覚えよう

アプリをインストールする

- インストール
- アンインストール

Ubuntuでは、初期状態で多くのアプリがインストールされていますが、リポジトリなどからさらに多くのアプリをインストールできます。新しいアプリをインストールしたり、アンインストールしたりして、Ubuntuをカスタマイズしてみましょう。

Ubuntuソフトウェアからインストールする

1 Ubuntuソフトウェアを起動する

Dockから、＜Ubuntuソフトウェア＞をクリックします。

2 アプリを検索する

ここでは、画像エディターの定番アプリ「GIMP」をインストールします。タスクバーで＜すべて＞タブが選択されていることを確認し❶、🔍をクリックして検索フォームを表示し❷、「GIMP」と入力します❸。

3 詳細情報を表示する

手順2で入力したキーワードに関連するアプリが検索結果に表示されます。詳細を確認したいアプリをクリックします。

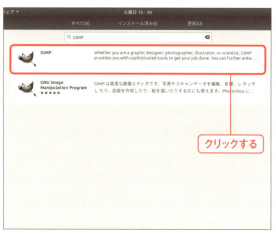

4 インストールを開始する

選択したアプリの詳細が表示されます。内容をよく読み、探しているアプリであることを確認したら、＜インストール＞をクリックします。

Ubuntu 100% Guide

5 認証する
認証画面が表示されます。パスワードを入力して❶、<認証>をクリックします❷。

6 インストールの完了
インストールが完了すると、<インストール>のアイコンが<起動>に変わります。

Dash機能からインストールする

1 Dashの検索フォームにキーワードを入力
Dash画面を表示し、画面上部の検索フォームにインストールしたいアプリのキーワードを入力します。ここでは、「GIMP」と入力します。

2 インストールページを表示する
検索結果から<GIMP>をクリックして、インストールページを表示します。

3 インストールを開始する
インストールページが表示されます。内容をよく読み、探しているアプリであることを確認したら、<インストール>をクリックします。

4 認証する
認証画面が表示されます。パスワードを入力して❶、<認証>をクリックすると❷、アプリがインストールされます。

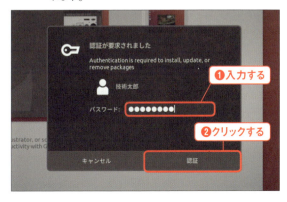

Ubuntu はじめる&楽しむ 100%活用ガイド　061

アプリをアンインストールする

使う予定のないアプリは、アンインストールしましょう。アプリの数を減らすと、Dash機能で見つけやすくなります。

1 Ubuntuソフトウェアを起動する
Dockから、＜Ubuntuソフトウェア＞をクリックします。

2 インストール済みのアプリを表示する
「Ubuntuソフトウェア」が起動したら、画面上部の＜インストール済み＞をクリックして、インストール済みのアプリを表示します。

3 アプリをアンインストールする
アンインストールしたいアプリ名の右側にある＜削除＞をクリックします。

4 ＜削除＞をクリックする
確認の画面が表示されたら、＜削除＞をクリックします。

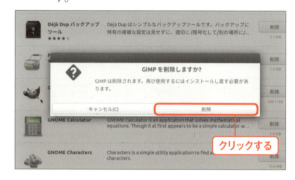

5 認証する
認証画面が表示されます。パスワードを入力して❶、＜認証＞をクリックすると❷、アプリがアンインストールされます。

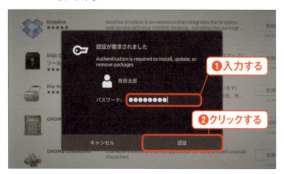

6 アンインストールが完了する
Ubuntuソフトウェアの「インストール済み」画面からアンインストールしたアプリが消え、アンインストールが完了します。

062

アプリ

Chapter 4

アプリを活用しよう

Ubuntuで利用できるアプリ	064
Webブラウザを使う	066
LibreOfficeを利用する	070
Office Onlineを活用する	072
電子メールを使う	074
メッセージングアプリを利用する	078
音楽鑑賞を楽しむ	080
現像やレタッチを行う	084
クラウドストレージを活用する	086
動画の再生を行う	088
プリンターの設定と出力を行う	090
フォントをインストールする	094
Windowsアプリを動かす	096

Ubuntuで利用できるアプリ

- アプリ
- 代替

Ubuntuでは、Windows専用アプリの利用は難しいですが、Windows専用アプリと同等以上の性能を備えた代替アプリが豊富にあります。Windows用アプリのUbuntu版が提供されていることもあります。

Webブラウザ

インターネット閲覧に使うWebブラウザです。Windows 10標準のWebブラウザ「Microsoft Edge」は、残念ながらUbuntuでは使えません。ですが、無料で利用可能なWebブラウザの多くは、Windows版だけでなく、Ubuntuにも提供されています。Ubuntuには、カスタマイズ性の高い「Firefox」が、標準Webブラウザとしてインストールされています。

Firefox

オフィスアプリ

ワープロや表計算といった、オフィスで用いられるアプリです。Windows用のオフィスアプリといえば「Microsoft Office」が有名ですが、残念ながらMicrosoft OfficeはUbuntuでは使えません。ですが、Ubuntuには「LibreOffice」という優れた無料のオフィスアプリがインストールされています。LibreOfficeはMicrosoft Officeとの互換性も高く、非常に使い勝手のよいオフィスアプリです。また、Microsoft Officeとの100%完全な互換性が必要な場合は、「Office Online」を使うという手もあります。「Office Online」については、P.72で解説します。

LibreOffice

Office Online

メールアプリ

Windows 10標準の「メール」や「Outlook」は、Ubuntuでは利用できません。最近では、「Gmail」のようなフリーメールを利用しているユーザーが多く、その場合にはUbuntu上でもWebブラウザ経由で、これまでと同じサービスを利用できます。加えて、Ubuntuには高機能で安定性の高い「Thunderbird」がインストールされています。「メール」や「Outlook」から乗り換える場合は、これを使うとよいでしょう。

Thunderbird

メディアプレイヤー／ミュージックプレイヤー

Ubuntuには、標準のメディアプレイヤー「ビデオ」がインストールされていますが、あまり使い勝手がよくありません。そのため別途インストールする必要がありますが、「VLCメディアプレイヤー」などのアプリがおすすめです。また、音楽を聴くのであれば、Ubuntuには標準のミュージックプレイヤー「Rhythmbox」がインストールされています。音楽CDからのリッピングなどの機能も備えた、使い勝手のよいミュージックプレイヤーです。

VLCメディアプレイヤー

Rhythmbox

メッセージアプリ

Windows 10には、リアルタイムでチャットをやりとりしたり、無料の音声通話・ビデオ通話を楽しめたりする「Skype」が標準インストールされています。Ubuntu向けにも「Skype」が用意されており、「Ubuntuソフトウェア」からインストールできます。

Skype

アプリ

Chapter 4 アプリを活用しよう

Webブラウザを使う

- Firefox
- Google Chrome

現在のパソコンの最大の用途は、インターネットの閲覧です。Ubuntuには、Webブラウザとして「Firefox」がインストールされているので、まずはこのブラウザでインターネットを使ってみましょう。

Firefoxの画面各部の名称と役割

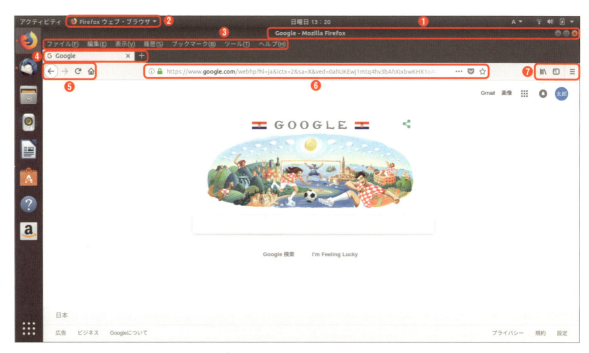

❶タイトルバー（メニュー）
表示中のWebページが表示されます。

❷アプリケーションメニュー
「Firefoxウェブ・ブラウザ」でWebページを閲覧していることが確認できます。クリックして＜終了＞をクリックすると、ブラウザを閉じることもできます。

❸メニューバー
「ブックマーク」や「ツール」など、よく使うメニューが配置されている領域です。初期状態では非表示になっています（表示する手順はP.53参照）。

❹タブバー
Firefoxは「タブブラウザ」と呼ばれるタイプのWebブラウザで、1つのウィンドウで複数のWebページを表示できます。それぞれのWebページは、「タブバー」のタブで切り替えられます。　をクリックすると、新しいタブが表示できます。

❺戻る／進む／更新／ホーム
左から「戻る」「進む」「更新」「ホーム」の4つのボタンが配置されています。

❻アドレスバー
Webページのアドレスが表示されます。右側に並んでいる3つのボタンは、左から、リンクのコピーなどができる「ページ操作」、記事を保存してオフラインでも読めるようにする「Pocket」、「ブックマーク登録」です。

❼ツールバー
左から「履歴やブックマークなどの表示」「サイドバーの表示／非表示」「メニュー」の3つのボタンが配置されています（メニューについてはP.53参照）。

Microsoft Edgeの「お気に入り」をFirefoxにインポートする

1 Firefoxのブックマークを表示する

Firefoxを起動し、❙❙❙をクリックして❶、＜ブックマーク＞をクリックします❷。

2 すべてのブックマークを表示する

＜すべてのブックマークを表示＞をクリックします。

3 「インポート」画面に切り替える

「ブラウジングライブラリー」画面が表示されます。＜インポートとバックアップ＞タブをクリックし❶、＜HTMLからインポート＞をクリックします❷。

4 バックアップファイルを選択する

「インポート」画面が表示されます。Microsoft Edgeのバックアップデータ（詳細はP.17参照）が入ったUSBメモリーをパソコンに挿入します。左側のメニューからUSBメモリーの名前をクリックして❶、バックアップデータをクリックし❷、＜開く＞をクリックします❸。

5 インポートを確認する

「ブラウジングライブラリー」画面で、Microsoft Edgeの「お気に入り」がインポートされているか確認します。

COLUMN

「Firefox Sync」でFirefoxを同期する

「Firefox Sync」とは、ほかのパソコンやスマートフォンで利用しているすべてのFirefoxを自動で同期する機能です。Firefox Syncを利用すれば、ブックマークのほか、Webページの閲覧履歴やパスワード、開いているタブに至るまで、すべてのFirefoxが常に同じ状態になります。Firefox Syncは、Firefox右上の≡をクリックして、＜Syncにログイン＞をクリックすることで利用できます。

Google Chromeをインストールする

Google Chromeは現在、もっとも人気のあるWebブラウザです。残念ながら初期状態のUbuntuにはライセンスの関係でインストールされていませんが、ユーザーがインストールすれば、Ubuntuでも利用できます。なお、Google Chromeは自動でDockに追加されません。インストール後は、アイコンをDockに登録しておくと便利です。

1 Googleのサイトを開く

FirefoxなどのWebブラウザで、Google Chromeのダウンロードページ（https://www.google.co.jp/chrome/index.html）にアクセスし、＜Chromeをダウンロード＞をクリックします。

2 パッケージを選択する

＜64bit.deb（Debian/Ubuntu版）＞をクリックし❶、＜同意してインストール＞をクリックします❷。

3 インストーラーを実行する

インストーラー実行の確認ダイアログが表示されます。「プログラムで開く」にチェックがついていることを確認して❶、＜OK＞をクリックします❷。

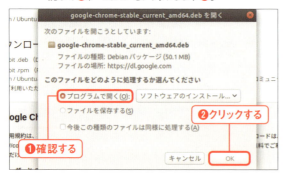

4 インストール画面に移動する

インストーラーのダウンロードが完了したら、画面上の＜Ubuntuソフトウェア＞をクリックします。

5 インストールを開始する

インストール画面が表示されたら、＜インストール＞をクリックします。

6 認証する

認証画面が表示されます。パスワードを入力して❶、＜認証＞をクリックすると❷、Google Chromeのインストールが完了します。

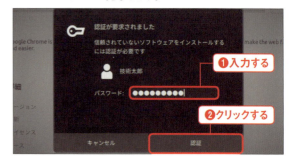

Microsoft Edgeの「お気に入り」をGoogle Chromeにインポートする

1 「インポート」画面を表示させる

Google Chromeを起動し、︙をクリックして❶、＜ブックマーク＞をクリックし❷、＜ブックマークと設定をインポート＞をクリックします❸。

2 インポート方法を選択する

「ブックマークと設定のインポート」画面が表示されます。インポート先のプルダウンから＜HTMLファイルをブックマークに登録＞をクリックして選択します。

3 「お気に入り」を確認する

「お気に入り／ブックマーク」にチェックが付いているのを確認し❶、＜ファイルを選択＞をクリックします❷。

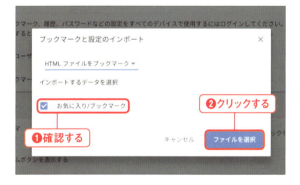

4 バックアップファイルを選択する

Microsoft Edgeのバックアップデータ（詳細はP.17参照）が入ったUSBメモリーをパソコンに挿入します。左側のメニューからUSBメモリーの名前をクリックして❶、バックアップデータをクリックして選択し❷、＜開く＞をクリックします❸。

5 ブックマークバーの設定を行う

Microsoft Edgeのお気に入りのインポートが完了します。ブックマークバーの表示が必要な場合は、「ブックマークバーを表示する」右側の をクリックしてオンにし❶、＜完了＞をクリックします❷。

COLUMN
GoogleアカウントでGoogle Chromeを同期する

Google Chromeの同期機能は、「Googleアカウント」を元に、複数のGoogle Chromeの状態を同期します。同期機能を利用する場合は、画面右上にある︙をクリックし、＜設定＞をクリックします。「設定」画面の＜CHROMEにログイン＞をクリックして、同期に利用するGoogleアカウントでログインすると、「同期の詳細設定」画面で同期するデータの設定などが行えます。

アプリ

Chapter 4 | アプリを活用しよう

LibreOfficeを利用する

- LibreOffice
- オフィス

「LibreOffice」は無料で使えるオフィスアプリです。Windowsでは、オフィスアプリといえば「Microsoft Office」が圧倒的なシェアを誇りますが、「LibreOffice」は、高性能かつ無料で利用できます。

LibreOfficeの6つのコンポーネント

LibreOffice Writer

ワープロアプリです。Microsoft Officeの「Word」に相当するアプリです。

LibreOffice Calc

表計算アプリです。Microsoft Officeの「Excel」に相当するアプリです。

LibreOffice Impress

プレゼンテーションアプリです。Microsoft Office「PowerPoint」に相当するアプリです。

LibreOffice Draw

ベクタ形式の画像描画アプリ（ドローアプリ）です。Microsoft Officeの各アプリの「ドローツール」に相当するアプリで、類似のアプリとしてはAdobe社の「Adobe Illustrator」などがあります。

LibreOffice Math

通常のワープロアプリでは入力不可能な数学記号等を含んだ文書を作成できる数式エディタです。Microsoft Officeの「数式エディタ」に相当するアプリです。

LibreOffice Base

データベース管理アプリです。Microsoft Officeの「Access」に相当するアプリです。

COLUMN

LibreOffice Baseを追加する

2018年8月現在、「LibreOffice Base」だけは、Ubuntu 18.04 LTS 日本語Remixにプリインストールされていません。利用するには、「Ubuntuソフトウェア」を使ってインストールする必要があります。

LibreOffice Base
Database manager part of the LibreOffice productivity suite

LibreOfficeを起動する

1 Dockのアイコンから起動する

「LibreOffice Writer」のコンポーネントは、Dock上にアイコンがあり、これをクリックすることで起動できます。まずは、＜LibreOffice Writer＞をクリックします。

2 LibreOffice Writerが起動する

「LibreOffice Writer」が起動し、文章を編集できます。

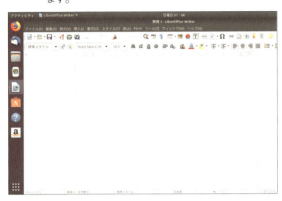

3 ファイルを保存する

＜ファイル＞をクリックし❶、＜名前を付けて保存＞をクリックします❷。

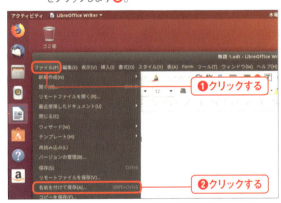

4 保存場所を選択する

ファイルの名前を入力し❶、保存場所をクリックして選択します❷。＜保存＞をクリックすると❸、ファイルが保存されます。保存したファイルをダブルクリックすると、自動的に対応したLibreOfficeが起動します。

COLUMN

元データは上書きせずに残しておく

LibreOfficeは、Microsoft Officeと高い互換性を有する優れたオフィスアプリです。ただし、互換性は100％ではなく、たとえば文書中に挿入されている画像や図形の表示が乱れるような例もあります。そのため、Windowsから移動した元データは、上書きせずに残しておいたほうが無難です。LibreOfficeの標準ファイル形式は、国際標準規格である「オープンドキュメント形式」（ODF）です。オープンドキュメント形式の拡張子は「.od*」※で、このファイル形式で保存しておけば、「Word文書」（拡張子「.doc」）や「Excel文書」（拡張子「.xls」）を上書きすることもないので、安心です。

※「*」にはファイルの種類によって異なる文字が入ります。たとえば、LibreOffice Writerで作成した文書ファイルの拡張子は「.odt」、LibreOffice Calcの表計算ファイルの拡張子は「.ods」です。

Office Onlineを活用する

Chapter 4 | アプリを活用しよう

- Office Online
- ブラウザ

Windowsで使っていたMicrosoft Officeとの「100％完全な互換性」が欲しい場合には、「Office Online」を使いましょう。Webブラウザを使うので、インターネットに接続する必要があります。

Office Onlineを利用する

1 Office Onlineのサイトにアクセスする

Webブラウザを起動して、Office Onlineのサイト（https://products.office.com/ja-jp/office-online）にアクセスし、＜サインイン＞をクリックします。

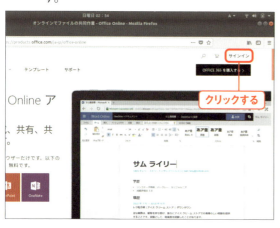

2 Microsoftアカウントを入力する

Microsoftアカウントを入力して❶、＜次へ＞をクリックします❷。Microsoftアカウントを持っていない場合は、＜作成＞をクリックして作成します。

3 パスワードを入力する

パスワードを入力して❶、＜サインイン＞をクリックします❷。

4 起動したいアプリを選択する

アプリの一覧から、起動したいアプリをクリックします。ここでは＜Excel＞をクリックします。

5 テンプレートを選択する

選択したOffice Onlineが起動します。ギャラリーからテンプレートをクリックして選択します。

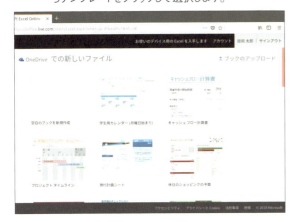

6 編集を行う

手順5で選択したテンプレートが適用され、自由に編集できます。

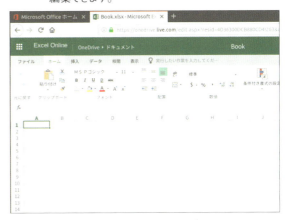

7 ファイルを保存する

メニューの＜ファイル＞をクリックして、＜名前を付けて保存＞をクリックします❶。OneDriveに保存する場合は＜名前を付けて保存＞をクリックしますが、パソコンに保存する場合は＜コピーのダウンロード＞をクリックします❷。

8 ファイルをローカルに保存する

＜ファイルを保存する＞をクリックし❶、＜OK＞をクリックします❷。

COLUMN

多くのテンプレートを利用してみたい

手順5の画面では、白紙のファイル以外にも、用途に合わせた20種類以上のテンプレートが用意されています。気に入ったテンプレートが見当たらない場合は、いちばん下の＜他のテンプレートを参照＞をクリックすると、ほかのテンプレートも参照できます。

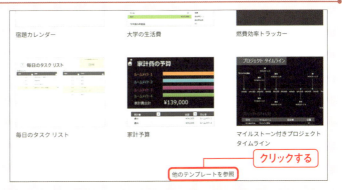

電子メールを使う

- Thunderbird
- メール

Ubuntuには、初期状態でオープンソースのメールアプリ「Thunderbird」がインストールされています。Thunderbirdは、Outlookに引けを取らないメールアプリです。こだわりがなければUbuntuでは、これをメインに使いましょう。

Thunderbirdの画面各部の名称と役割

❶タイトルバー（メニュー）
「❽フォルダーペイン」で選択中のフォルダーや、「❹タブバー」で選択中のメールのタイトルが表示されます（P.53の設定を行っていると、この位置に表示されます）。

❷アプリケーションメニュー
「Thunderbird」でメールを閲覧していることが確認できます。クリックして＜終了＞をクリックすると、ブラウザを閉じることもできます。

❸メニューバー
「移動」や「ツール」など、よく使うメニューが配置されている領域です。初期状態では非表示になっています（表示する手順はP.53参照）。

❹タブバー
「❾メッセージリストペイン」でメールをダブルクリックすると、本文がタブで表示されます。なお、「Thunderbird」は「アドオン」を利用することで、カレンダーなどの機能を追加できますが、この種の機能もタブバーで切り替えられます。

❺ツールバー
使用頻度の高いボタンを表示します。

❻クイックフィルターと検索フォームツールバー
「クイックフィルター」を利用すると、「❾メッセージリストペイン」に表示されるメッセージを、特定のキーワードでフィルタリングできます。「検索フォーム」にキーワードを入力すると、キーワードでメールを検索できます。

❼メニューボタン
メニューの代替機能です。メニューが非表示になっている場合、このボタンからThunderbirdの各機能にアクセスできます。

❽フォルダーペイン
保存されているメールフォルダーがツリー表示されます。

❾メッセージリストペイン
フォルダー内のメールが一覧表示されます。

❿メッセージペイン
メールの本文が表示されます。

Thunderbirdにメールアカウントを設定する

1 Dockから起動する
Dockから＜Thunderbird＞をクリックして、Thunderbirdを起動します。

2 メールアカウントの設定を開始する
Thunderbirdの初回起動時にはメールアカウントの登録が必要です。既存のアカウントを登録する場合は、＜メールアカウントを設定する＞をクリックします。

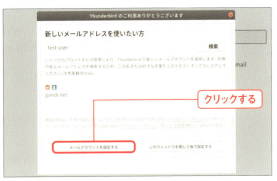

3 アカウント情報を入力する
「メールアカウント設定」画面が表示されます。「メールアドレス」や「パスワード」などを入力して❶、＜続ける＞をクリックします❷。

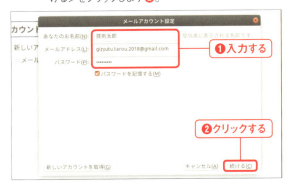

4 サーバー設定を行う
主要なメールサービスであれば、Thunderbirdが自動的にメールサーバーの設定を自動で取得してくれます。設定の自動取得に成功したら、＜完了＞をクリックします。

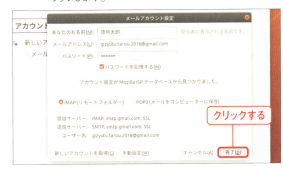

5 アカウント設定を確認する
Thunderbirdの「フォルダーペイン」に設定しメールアカウントが表示されれば、メールアカウントの設定は完了です。

COLUMN
Gmailを登録する場合の注意

ThunderbirdにGmailを設定する場合は、手順4のサーバー設定後にGoogleアカウントのログイン画面が表示されます。指示に従ってGoogleアカウントを入力し❶、＜次へ＞をクリックすれば❷、登録できます。

Outlookのメールデータを移動する

1 バックアップデータを移動する
P.18でバックアップしたデータが入ったUSBメモリーなどの記録媒体を、パソコンに挿入します。必要に応じて、Ubuntuの任意のフォルダーにコピーしましょう。

2 Thunderbirdを起動する
Thunderbirdを起動し、「フォルダーペイン」からメールを移動させたいフォルダーを表示します。ここでは＜受信トレイ＞をクリックして、メールを移動させます。

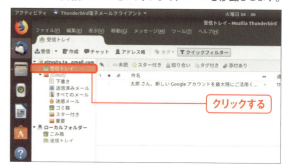

3 メールを移動する
「ファイル」アプリを起動し、Outlookのメールを保存したフォルダーを開きます。Thunderbirdに移動したいメールを選択し、Thunderbirdの「メッセージリストペイン」に、移動させたいメールをドラッグします。

4 メールを確認する
ドラッグしたメールが移動します。

Outlookのアドレス帳を移動する

1 インポート機能を起動する
Thunderbirdを起動し、メニューから＜ツール＞をクリックし❶、＜設定とデータのインポート＞をクリックします❷。

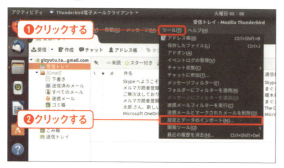

2 インポート対象を選択する
「設定とデータのインポート」画面が表示されます。＜アドレス帳＞をクリックしてチェックを付け❶、＜次へ＞をクリックします❷。

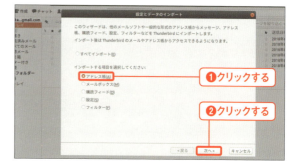

3 ファイル形式を選択する

ファイル形式を選択して＜テキストファイル（LDIF,.tab,.csv,.txt）＞をクリックし❶、＜次へ＞をクリックします❷。

4 バックアップファイルを選択する

右下のファイル形式選択欄で＜カンマ区切り＞をクリックすると❶、Outlookのアドレス帳のバックアップファイル（拡張子「.csv」）が表示されます。＜移行用連絡データ.CSV＞をクリックし❷、＜開く＞をクリックします❸。

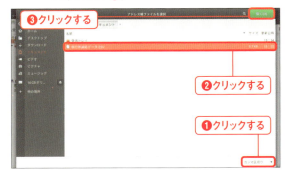

5 フィールドを調整する

「アドレス帳のインポート」画面左にThunderbirdのアドレス帳の項目、画面右にインポートするバックアップファイルに含まれている項目が表示されます。双方の項目が一致するよう、＜上へ＞＜下へ＞をクリックして調整します❶。インポート不要な項目をクリックしてチェックを外し、＜OK＞をクリックします❷。

6 インポート作業を完了する

＜完了＞をクリックすると、アドレス帳のインポートが完了します。

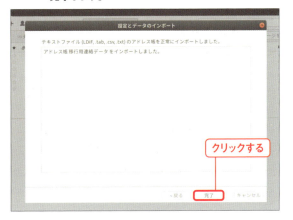

7 インポート結果を確認する

＜アドレス帳＞をクリックすると、Thunderbirdのアドレス帳が表示されます。なお、インポートしたアドレス帳は、ファイル名と同じ名前のフォルダー内に格納されています。

COLUMN
Thunderbirdのプロファイルを保存する

P.18の方法でOutlookのデータからThunderbirdのプロファイルを作成した場合は、公式サイト（https://support.mozilla.org/ja/kb/profiles-thunderbird）を参考にプロファイルを保存すると、Outlookのデータを引き継げます。

メッセージングアプリを利用する

- Skype
- Empathy

Ubuntuでは、「Skype」をインストールすることで、Windowsと同じ感覚で、チャットや通話を楽しむことができます。また、さまざまなメッセンジャーサービスのアカウントを登録してチャットを楽しめる「Empathy」もおすすめです。

Skypeの初期設定を行う

1 DashからSkypeを起動する

P.60を参考に「Ubuntuソフトウェア」からSkypeをインストールしておきます。Dashの検索フォームに「Skype」と入力して❶、＜Skype＞をクリックして起動します❷。

2 Skypeの初期設定を開始する

Skypeが起動します。＜はじめる＞をクリックして、初期設定を開始します。

3 サインイン画面を表示する

＜Microsoftアカウントでサインイン＞をクリックします。

4 Microsoftアカウントを入力する

入力フォームに既存のMicrosoftアカウントを入力し❶、＜次へ＞をクリックします❷。Microsoftアカウントがない場合は、＜作成＞をクリックすればアカウントの新規作成を行えます。

5 パスワードを入力する

入力フォームにパスワードを入力し❶、＜サインイン＞をクリックして❷、Skypeにサインインします。

6 テーマやプロフィールの設定を行う

画面の指示に従って、Skypeのテーマ、プロフィール写真の登録、サウンドのチェックを行います。これらはあとからでも設定可能です。

7 Skypeの画面が表示される

Skypeの画面が表示されます。ほかのユーザーの連絡先を追加し、チャットや通話を楽しめます。

8 Skypeを終了する

Skypeは一度起動すると、ウィンドウを閉じてもバックグラウンドで動作し、チャットや通話をリアルタイムで通知してくれます。Skypeを利用しないときはトップバーのSkypeのアイコンをクリックし❶、＜Skypeを終了＞をクリックして❷、Skypeを終了しましょう。

COLUMN

「Empathy」を利用する

「Empathy」を利用するには、「Ubuntuソフトウェア」からインストールを行う必要があります（インストール方法はP.60参照）。「Facebook」や「Google＋」など、インスタントメッセージサービスを提供しているアカウントを登録すれば、Empathyを通じてさまざまなSNSのユーザーとチャットを楽しめます。通話に対応しているサービスもあります。

音楽鑑賞を楽しむ

Chapter 4　アプリを活用しよう

● Rhythmbox
● 携帯プレイヤー

Ubuntuには「Rhythmboxミュージックプレイヤー」（以下「Rhythmbox」）という優れた音楽プレイヤーがインストールされています。音楽関連の機能はこのアプリを使います。

Rhythmboxの各部名称と役割

❶アプリケーションメニュー
「Rhythmbox」で音楽を視聴していることが確認できます。クリックして＜終了＞をクリックすると、ブラウザを閉じることもできます。

❷「検索」ボタン
クリックすると検索フォームを表示します。キーワードを入力して、Rhythmbox内の曲やアルバムなどを絞り込めます。

❸「メニューバー」ボタン
クリックすると、「編集」や「取り込み」などのメニューバーを表示できます。

❹「メニュー」ボタン
楽曲の追加、ツールの呼び出し、プラグインの設定、Rhythmboxの設定などのメニューを呼び出せます。

❺最小化／最大化／閉じる
ウィンドウの操作を行うボタンです。左から「最小化」「最大化」「閉じる」の3つのボタンが配置されています。

❻サイドペイン
ライブラリや音楽CDなど、利用可能な情報が一覧表示されます。

❼ブラウザ
「❻サイドペイン」で選択中の情報が表示されます。ここで選択されているコンテンツが再生されます。

❽「プレイリスト」ボタン／「イジェクト」ボタン
プレイリスト関連のメニューや、CDを取り出せるイジェクトボタンなどが配置されています。

❾コントロールメニュー
音楽をコントロールするためのメニューです。「再生」「一時停止」「次へ」「リピート」「シャッフル」などのボタンや、コンテンツの再生位置を表示する「タイムスライダー」が配置されています。

AACコーデックを用意する

1 AACなどのファイルを再生する
RhythmboxでAACなどのファイルを再生しようとすると、対応する「コーデック」と呼ばれるソフトウェアがないため、再生できません。対応した「コーデック」をインストールします。

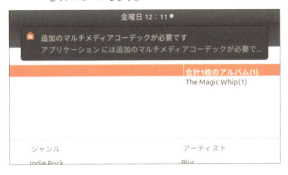

2 インストール画面に移動する
＜追加ソフトウェアをインストール＞をクリックします。

3 ソフトウェアを選択する
ファイル再生に必要なソフトウェアが表示されます。インストールしたいソフトウェアを選んで＜インストール＞をクリックします。

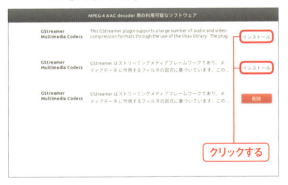

4 追加ソフトウェアをインストール
確認画面が表示されます。パスワードを入力して❶、＜認証＞をクリックすると❷、インストールが開始されます。

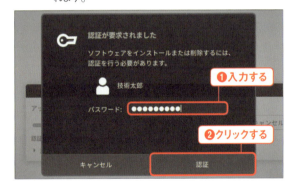

5 AACファイルを選択する
手順1で再生できなかったAACファイルを選択して右クリックし❶、＜別のアプリケーションで開く＞をクリックします❷。

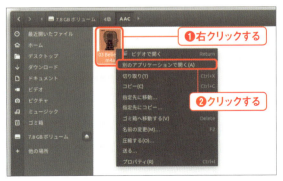

6 AACファイルを再生する
＜アプリケーションの選択＞画面で＜Rhythmbox＞をクリックし❶、＜選択＞をクリックすると❷、AACファイルが再生できるようになります。

プレイリストを作成する

1 プレイリストを作成する
Rhythmboxを起動して、左下の＋をクリックし❶、＜新しいプレイリスト＞をクリックします❷。

2 プレイリストに名前を付ける
「サイドペイン」の「プレイリスト」欄に、作ったプレイリストが登録されます。プレイリストに名前を入力します。

3 プレイリストに曲を追加する
Rhythmbox上でプレイリストに追加したい曲を選択して右クリックし、＜プレイリストに追加する＞をクリックし❶、作成したプレイリスト（ここでは＜テストプレイリスト＞）をクリックします❷。

4 曲順を変更する
「サイドペイン」からプレイリストを選択して❶、手順3で追加した曲がプレイリストに登録されているか確認します❷。なお、ブラウザ欄では、ドラッグで曲順を変更できます。

スマートフォン／タブレットと同期する

Rhythmboxに取り込んだアルバムや楽曲、作成したプレイリストは、スマートフォンに取り込んで聴取することも可能です。

1 スマホ／タブレットを接続する
パソコンとスマホ／タブレットをUSBケーブルで接続します。デスクトップに端末の名前が表示されたら❶、Rhythmboxを起動します❷。認識されない場合は、スマホ／タブレットを「MTPモード」にします。

2 デバイスを選択する
Rhythmboxを起動したら、サイドペインの「ローカルコレクション」欄に接続しているデバイスが表示されます。デバイスをクリックします。

3 デバイス内のファイルをロードする

Rhythmboxにスマホ／タブレットの現在の状態がロードされます。■をクリックしてメニューを表示し❶、＜プロパティ＞をクリックします❷。

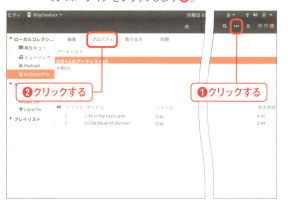

4 同期する内容を設定する

＜同期＞タブをクリックし❶、「同期の設定」欄から同期したい内容にチェックを付けます❷。設定が終わったら、＜閉じる＞をクリックします❸。

5 同期を行う

同期内容を設定したら、＜同期＞をクリックします。

6 同期が完了する

同期が完了すると、ブラウザに同期した内容が反映されます。

7 スマホ／タブレットで再生する

スマホ／タブレットのミュージックプレイヤーアプリなどで、同期した音楽が反映されているか確認します。

COLUMN
iPhone／iPadで同期する場合

iPhone／iPadは、本来は「iTunes」という専用ソフトを使ってパソコンに保存している音楽をはじめとしたさまざまなデータを同期できますが、Rhythmboxでも同期を行うことができます。iPhone／iPadとパソコンをUSBで接続する時には、初回のみiPhone／iPad側に確認のポップが表示されるので、＜信頼＞をタップするとデスクトップに端末が認識されます。

アプリ | Chapter 4 | アプリを活用しよう

現像やレタッチを行う

- GIMP
- RawTherapee

ここでは、Ubuntu定番の画像編集アプリ「GIMP」とRAW現像アプリ「RawTherapee」の使い方を説明します。どちらもWindows版と操作が同じです。なお、アプリはP.60を参考にインストールしておきましょう。

GIMPの画面構成

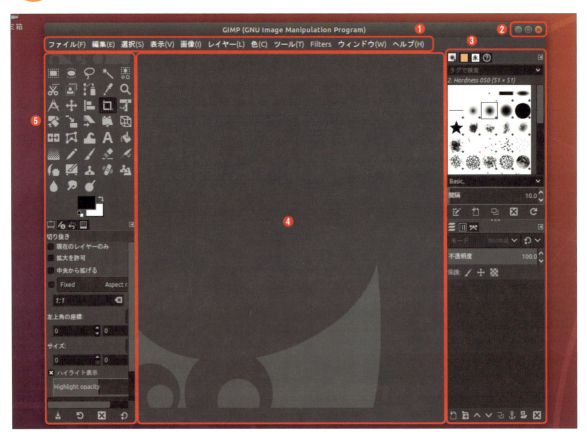

❶メニューバー
新しい画像を開いたり保存したりといった基本操作ができます。

❷最小化／最大化／閉じる
ウィンドウの操作を行うボタンです。左から「最小化」「最大化」「閉じる」ボタンが配置されています。

❸レイヤー・ブラシ
GIMPで「レイヤー」を利用するためのウィンドウです。レイヤーを使うと、複数の画像を重ね合わせて使うことができるため、背景の差し替えや、バリエーション画像が簡単に作成できます。

❹編集ウィンドウ
画像を表示するウィンドウです。このウィンドウ上で、画像を実際に加工していくことになります。

❺ツールボックス・ツールオプション
さまざまな範囲選択方法や描画ツール、エフェクトといった画像編集用ツールを集めたウィンドウです。ここでツールを選択し、メイン画面の画像を加工する、というのが、GIMPの基本的な使い方です。

GIMPで画像を開く

1 メニューからファイルを開く
メニューから＜ファイル＞をクリックし❶、＜開く／インポート＞をクリックします❷。

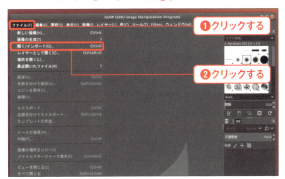

2 画像を選択する
GIMPで編集したい画像をクリックし❶、＜Open＞をクリックします❷。

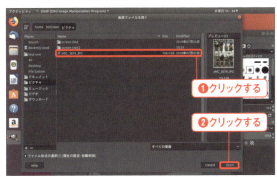

RawTherapeeの各種タブの使い方

「ファイルブラウザ」タブ
現像する画像ファイルを選択するタブです。「場所」欄で選択しているフォルダやデバイス内の画像がプレビュー表示されます。また、露光補正やハイライトといった基本的な処理が可能です。

「キュー」タブ
一連の編集を自動処理化し、実行するためのタブです。「ファイルブラウザ」タブで、プレビュー表示されている画像左上の＜キュー＞をクリックすると、この画面に画像が登録され、処理をまとめて実行できます。

「編集」タブ
画像に細かい編集を加えるためのタブです。「ファイルブラウザ」タブで、プレビュー表示されている画像をダブルクリックすると、このタブに切り替わり、画像の編集が可能になります。

COLUMN
GIMPに画像を送る

RawTherapeeの魅力の1つとして、GIMPとの連携が強力という点があげられます。＜編集＞タブ下のツールバーで＜現在の画像を外部エディタで編集＞ボタンをクリックすると、GIMPが自動起動し、編集中の画像が表示されます。

アプリ

Chapter 4 アプリを活用しよう

クラウドストレージを活用する

- Dropbox
- クラウドストレージ

パソコンやスマートフォンなど、多数のIT機器を併用するのが当たり前になっている現在、インターネット上の倉庫である「クラウドストレージ」は必須の存在となっています。ここではクラウドストレージの代表格である「Dropbox」を使ってみましょう。

Dropboxにログインする

1 DashからDropboxを起動する

P.60を参考に「Ubuntuソフトウェア」からDropboxをインストールしておきます。Dashから「Dropbox」と検索して❶、＜Dropbox＞をクリックして起動します❷。

2 常駐プログラムをインストール

Dropboxのデーモン（常駐プログラム）インストール画面が表示されます。＜Don't show this again＞にチェックを付けて❶、＜OK＞をクリックします❷。

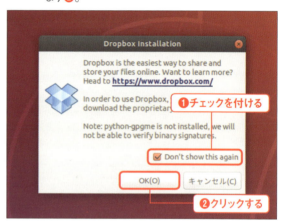

3 ログイン画面が表示される

デフォルトに設定しているWebブラウザが起動し、Dropboxのログイン画面が表示されます。ここでは、＜アカウントを作成＞をクリックして、アカウントの新規作成を行います。

COLUMN アカウントを持っている場合

すでにDropboxのアカウントを持っている場合は、手順3の画面でアカウントとパスワードを入力し、＜ログイン＞をクリックすれば、既存のアカウントでログインし、すぐにDropboxを利用できます。

4 個人情報を入力する

「名字」「名前」「メールアドレス」「パスワード」を入力して❶、「Dropbox利用規約に同意します」にチェックを付け❷、＜アカウントの作成＞をクリックします❸。

5 画像認証を行う

指示と合致している画像をクリックしていき❶、＜VERIFY＞をクリックします❷。

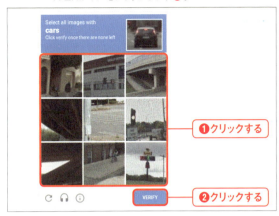

6 Dropboxとリンクする

リンクの確認画面が表示されたら、＜リンクする＞をクリックしてパソコンとDropboxをリンクします。

7 Dropboxをフォルダを確認する

「ファイル」アプリの「ホーム」フォルダ内に「Dropbox」フォルダが作成されます。以後、このフォルダに保存したファイルやフォルダは、Dropboxのサーバーや、Dropboxをインストールしているほかのパソコンやスマートフォンと共有されます。

COLUMN

OneDriveを利用する

MicrosoftのクラウドストレージOneDriveは、アプリをインストールすることなく、Webブラウザから利用することができます。OneDriveの公式サイト（https://onedrive.live.com/about/ja-jp/）にアクセスして、Microsoftアカウントを使ってログインすると利用できます。Microsoft Officeとの連携はOneDriveの方が優秀なので、必要に応じて使い分けましょう。

動画の再生を行う

Chapter 4 | アプリを活用しよう

- ビデオ
- VLCメディアプレイヤー

Ubuntuには、もちろん動画再生機能も備わっています。Ubuntu標準のメディアプレイヤーは「ビデオ」と呼ばれるアプリですが、ここでは定番メディアプレイヤー「VLCメディアプレイヤー」の使い方を説明します。

VLCメディアプレイヤーを利用する

1 DashからVLCメディアプレイヤーを起動する

P.60を参考に「Ubuntuソフトウェア」から「VLCメディアプレイヤー」をインストールしておきます。Dash検索フォームに＜VLC＞と入力して❶、＜VLCメディアプレイヤー＞をクリックして起動します❷。

2 ポリシーに同意する

初回起動時には「プライバシーとネットワークポリシー」画面が表示されます。＜続ける＞をクリックします。なお、「メタデータのネットワークアクセスを許可」にチェックを付けると、再生した音楽CDなどの情報が自動的にインターネットから取得されるようになり便利です。

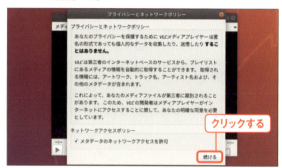

ファイルから直接再生する

1 ファイルを表示する

「ファイル」アプリで動画ファイルを表示し、右クリックして❶、＜別のアプリケーションで開く＞をクリックします❷。

2 アプリケーションを選択する

「アプリケーションの選択」画面が表示されます。＜VLCメディアプレイヤー＞をクリックし❶、＜選択＞をクリックすると❷、再生が開始されます。

デフォルトのアプリに設定する

1 「設定」画面を表示する
システムメニューをクリックし①、※をクリックします②。

2 「詳細」画面を表示する
「設定」画面が表示されます。左側のメニューから＜詳細＞をクリックします。

3 「デフォルトのアプリ」を選択する
「詳細」画面が表示されます。左側のメニューから、＜デフォルトのアプリ＞をクリックすると「デフォルトのアプリ」画面が表示されます。

4 「デフォルトのアプリ」を変更する
「ビデオ」欄から＜VLCメディアプレイヤー＞を選択します。これで、動画ファイルを開く際のデフォルトのアプリがVLCメディアプレイヤーに変更されます。

ファイル形式ごとにデフォルトに設定する

1 ファイルのプロパティを開く
設定を個別に変更したい場合は、ファイルを右クリックして①、＜プロパティ＞をクリックします②。

2 デフォルトに設定する
＜開き方＞タブをクリックし①、アプリ一覧から＜VLCメディアプレイヤー＞をクリックして②、＜デフォルトに設定する＞をクリックします③。

Ubuntu はじめる&楽しむ 100%活用ガイド　089

アプリ

Chapter 4 アプリを活用しよう

プリンターの設定と出力を行う

- プリンター
- ドライバー

Ubuntuで写真や文書を印刷するためには、プリンターを設定する必要があります。Ubuntuがプリンターを認識すると、Windowsのように自動的にLinux用のドライバーをインストールしてくれるので、すぐにセットアップできます。

Ubuntuでプリンターの設定を行う

従来のUbuntuでは手間がかかったプリンターの設定ですが、Ubuntu 18.04 LTSからは、有線でも無線でもパソコンと接続すると自動的に認識され、プリンタードライバーのインストールも自動で行ってくれるようになりました。

1 「設定」画面を表示する

パソコンにプリンターを接続し、プリンターの電源を入れます。システムメニューをクリックし❶、★をクリックします❷。

2 「デバイス」画面を表示する

「設定」画面が表示されます。左側のメニューから、＜デバイス＞をクリックします。

3 「プリンター」画面を表示する

「デバイス」画面が表示されます。左側のメニューから＜プリンター＞をクリックします。

4 プリンターを追加する

「プリンター」画面が表示されます。＜プリンターの追加＞をクリックします。

5 プリンターを選択する

「プリンターの追加」画面が表示され、追加可能なプリンターが表示されます。追加したいプリンターをクリックして選択します。

COLUMN
無線LANプリンタが認識されない場合は？

手順5の画面に無線LAN対応のプリンターの名前が表示されない場合は、パソコンとプリンターに接続しているWi-Fiアクセスポイントが異なっている可能性があります。両方とも、必ず同じアクセスポイントに接続しておきましょう。それでも検出されない場合は、手動でセットアップを行ってみましょう（詳細はP.92参照）。

6 プリンターの追加を開始する

＜追加＞をクリックします。

7 ドライバーのインストールが開始される

プリンターに対応する最適なドライバーを、インターネット上から自動的に検索・ダウンロードします。

8 プリンターが追加される

プリンタードライバーのインストールが完了すると、「プリンター」画面に、プリンターが追加されます。

COLUMN
デフォルトのプリンターを設定する

プリンターが複数登録されている場合は、どのプリンターをデフォルトにするか設定できます。手順8の画面でデフォルトに設定したいプリンターの ︰ をクリックし❶、＜デフォルトプリンター＞にチェックを付けましょう❷。

プリンターを手動で設定する

1 「プリンター」画面を表示する

P.90の手順 1 ～ 3 を参照して、「プリンター」画面を表示します。＜追加のプリンター設定＞をクリックします。

2 プリンターを追加する

「プリンター」のダイアログが表示されたら、＜追加＞をクリックします。

3 プリンターを選択する

「新しいプリンター」画面が表示されます。追加したいプリンターをクリックし❶、＜進む＞をクリックすると❷、ドライバーの自動インストールが開始されます。

4 プリンター名を設定する

プリンターの名前や説明などを入力し❶、＜適用＞をクリックします❷。

5 テストページを印刷する

「テストページを印刷しますか？」と表示されたら、＜テストページの印刷＞をクリックします。テストページが正常に印刷されれば、プリンターの設定は完了です。

COLUMN

ドライバーを手動で設定する

手順 3 でドライバーが自動インストールされなかった場合は、ドライバーの手動インストール画面が表示されます。＜製造元＞＜モデル＞＜ドライバー名＞を選択していきます。どれを選べばよいかわからない場合は、ドライバー名の末尾に「推奨」と書かれているものにするとよいでしょう。

PDF化して出力する

近年では、紙面に印刷するイメージをそのまま電子ファイルとして保存できる「PDF（Portable Document Format）」の需要が増えています。PDFビューワーがあれば、パソコンやスマートフォンなど、どんな端末で開いても同じような状態で閲覧できます。UbuntuにはCDPDF出力できる機能が備わっており、Webページや文書などを紙ではなく、PDFとして出力できます。

1 印刷メニューを表示する
PDF出力したいWebページや文書などを表示し、＜ファイル＞タブをクリックして❶、＜印刷＞をクリックします❷。

2 ファイル出力を選択する
「印刷」画面が表示されます。＜ファイルに出力する＞をクリックして選択し❶、＜〜/mozilla.pdf＞をクリックします❷。

3 保存先と名前を設定する
左側のメニューから保存先をクリックして選択し❶、ファイル名を入力して❷、＜選択＞をクリックします❸。

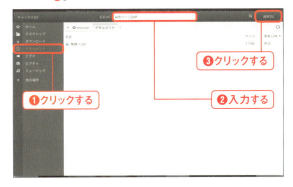

4 PDF出力する
＜印刷＞をクリックすると、表示しているWebページや文書がPDF出力されます。

5 PDFリーダーを起動する
指定した保存先にPDFが出力されているか確認します。PDFファイルのアイコンをダブルクリックします。

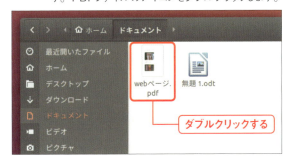

6 PDFファイルを確認する
PDFリーダーが起動し、PDFファイルの内容が表示されます。

フォントをインストールする

- フォント
- テキストエディター

Ubuntuのフォントは、Windowsと比べると非常に美しいフォントです。また、「Ubuntuソフトウェア」では、フォントパッケージが配信されているので、好みのフォントを追加インストールすることができます。

フォントパッケージを入手する

1 Ubuntuソフトウェアを起動する
Dockから＜Ubuntuソフトウェア＞をクリックします。

2 フォントを検索する
「Ubuntuソフトウェア」の検索フォームに、ほしいフォントの名前や「日本語 フォント」といった検索ワードを入力します。

3 フォントをインストールする
欲しいフォントが見つかったら、＜インストール＞をクリックします。以降の作業は、通常のアプリと同じです。

COLUMN フォントはアプリごとに適用する

アプリによってフォントの変更方法は異なりますが、P.95でテキストエディターの「gedit」の変更方法を解説します。

COLUMN

Windowsのフォントを入手する

Windowsのコントロールパネルなどからフォントの一覧にアクセスし、USBメモリーにコピーしておくと、UbuntuでもかんたんにWindowsのフォントを使用できます。使用したいフォントのアイコンを右クリックし❶、＜Fontsで開く＞をクリックして❷、確認してみましょう。ただし、市販のフォントは2台以上のパソコンで使用できない場合があるので、必ず利用条件を確認しましょう。また、Windowsのフォントを利用する際は、https://docs.microsoft.com/ja-jp/typography/font-list/にアクセスして、使用したいフォントにライセンス上の問題がないかどうか確認するようにしましょう。

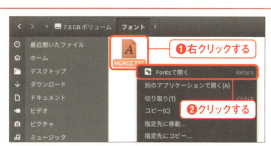

フォントを適用する

1 「設定」画面を表示する

ここでは、テキストエディターの「gedit」を起動し、トップバーから＜テキストエディター＞をクリックし❶、＜設定＞をクリックします❷。

2 設定を変更する

＜フォントと色＞タブをクリックし❶、＜システムの固定幅フォントを使う＞をクリックしてチェックを外します❷。

3 フォントを変更する

「エディターのフォント」に表示されているフォントをクリックします。

4 フォントを選択する

変更したいフォントをクリックし❶、＜選択＞をクリックすると❷フォントが変更できます。

アプリ | Chapter 4 アプリを活用しよう

Windowsアプリを動かす

- Wine
- リモート操作

Ubuntuは、WindowsとはまったくLinuxベースのOSです。ですが、UbuntuでWindows専用アプリを絶対に動かせないかというと、実はそんなことはありません。ここでは、Ubuntuの少し高度な使い方を解説します。

Wine HQをインストールする

1 Dashから「端末」を起動する

Dashの検索フォームで＜端末＞と入力し❶、検索結果から＜端末＞をクリックして起動します❷。

2 「端末」にリポジトリを追加する

「端末」が起動したら、手順3を参考にリポジトリを追加し、「Wine HQ」をインストールします。

3 リポジトリを入力する

以下のコマンドを順に入力していきます。「⏎」では Enter を押してください。リポジトリはWine HQ公式サイト（https://wiki.winehq.org/Ubuntu）で公開されています。下記は、2018年8月時点のものです。記載されている内容は変更になる場合もあるので、インストール前には必ず最新の情報を確認しておきましょう。

❶32ビットアーキテクチャの有効化

```
sudo dpkg --add-architecture i386 ⏎
```

❷パスワードの入力

```
（パスワード） ⏎
```

❸リポジトリを追加

```
wget-nc https://dl.winehq.org/wine-builds/Release.key ⏎
sudo apt-key add Release.key ⏎
sudo apt-add-repository 'deb https://dl.winehq.org/wine-builds/ubuntu/ xenial main' ⏎
```

❹パッケージを更新する

```
sudo apt-get update ⏎
```

❺Wine HQの安定版をインストールする

```
sudo apt-get install --install-recommends winehq-stable ⏎
```

Wine HQの文字化けを修正する

Ubuntu 18.04にWine HQをインストールすると、Wine HQの「コンフィグ（設定）」やインストーラーを起動したときに、アルファベット部分が文字化けしてしまう不具合が発生する場合があります。そのようなときは、以下の対策を試してみましょう。

Winetricksでフォントをインストールする

Wine環境をより便利にしてくれる「Winetricks」と呼ばれるツールをインストールし、フォントをインストールすれば文字化けを解消できる場合があります。P.96を参考に、「端末」を起動し、以下のリポジトリを順に入力してください。

❶ Winetricksをインストールする

```
wget    https://raw.githubusercontent.com/Winetricks/winetricks/master/src/winetricks ↵
chmod + x winetricks ↵
```

❷ フォントをインストールする

```
winetricks allfonts ↵
```

droidフォントを削除する

Ubuntuに標準インストールされている「droid」というフォントがWineの動作に悪影響を及ぼしている可能性があります。droidフォントを削除、または別の場所に移動すれば改善される可能性があります。

```
sudo apt-get remove fonts-droid-fallback ↵
```

Tahomaフォントを削除する

Wine HQに標準インストールされている「Tahoma」というフォントがWineの動作に悪影響を及ぼしている可能性があります。Tahomaフォントを削除、または別の場所に移動すれば改善される可能性があります。

```
sudo rm /usr/share/wine/fonts/tahoma* ↵
```

Wineを利用する

1 LINEのインストーラーをダウンロード

ここでは例として「LINE」のWindows版を利用します。＜Windows版をダウンロード＞をクリックして❶、＜ファイルを保存する＞にチェックを付け❷、＜OK＞をクリックします❸。

2 インストーラーを実行

ダウンロードした「LINEinst.exe」を右クリックして❶、＜別のアプリケーションで開く＞をクリックします❷。

3 Wineで開く

＜Wine Windowsプログラムローダー＞をクリックして選択し❶、＜選択＞をクリックします❷。

4 LINEのインストールを行う

LINEのインストーラーが起動します。＜次へ＞をクリックし、手順に従ってインストールを行いましょう。

5 LINEを起動する

デスクトップにアイコンが追加されます。LINEのアイコンをダブルクリックすると、LINEが起動します。

COLUMN

Wineの設定を変更する

「端末」で「winecfg」と入力して Enter を押すと、Wineの設定画面を開くことができます。エミュレートするWindowsのバージョンや、ドライブ、デバイスなどハードウェアの設定ができます。

Chapter 5 セキュリティを強化しよう

セキュリティ

OSやアプリをアップデートする	100
ユーザーアカウントを管理する	102
ログイン設定を変更する	104
ウイルス対策をする	106
ファイアウォールを設定する	108
バックアップする	112

OSやアプリを アップデートする

Chapter 5 | セキュリティを強化しよう

セキュリティ

- アップデート
- 自動更新

OSやアプリが、バグやコンピューターウイルスなどに対抗するためにもっとも重要なのは、OSやアプリのアップデートです。定期的にアップデートを行うようにして、パソコンの状態を常に最新に保ちましょう。

Ubuntuの自動更新機能とは

セキュリティにおけるアップデートの重要性は、パソコン初心者のユーザーでもよくご存じのはずです。ですが、Windowsではこれが完全なものではありませんでした。Windowsには、「Windows Update」という自動更新機能が搭載されていますが、更新してくれるのはWindowsやMicrosoft Officeなど、Microsoft製アプリだけです。ユーザーが購入したり、ネット上から入手したりしたMicrosoft製以外のアプリは、すべてユーザー自身が更新作業を管理しなければならず、これはとてもたいへんな作業です。しかし、Ubuntuの自動更新機能はパソコン全体を対象としています。Ubuntu本体やプリインストールアプリに加えて、ユーザーが購入したり、インターネットから入手したりしたものまで、まとめて更新してくれます。

1 Ubuntuソフトウェアを起動する

Dockから＜Ubuntuソフトウェア＞をクリックして起動します。

2 「ソフトウェアとアップデート」を表示する

トップバーの＜Ubuntuソフトウェア＞をクリックし❶、＜ソフトウェアとアップデート＞をクリックします❷。

3 タブを切り替える

「ソフトウェアとアップデート」画面が表示されたら、画面上の＜アップデート＞タブをクリックします。

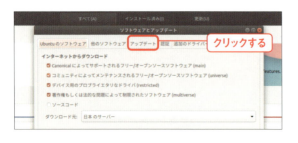

4 自動更新機能を設定する

「アップデート」タブが表示され、Ubuntuの自動更新機能の確認や設定変更ができます。なお、大きなセキュリティの脅威が発生した場合などは、P.26を参考に手動でアップデートを行いましょう。

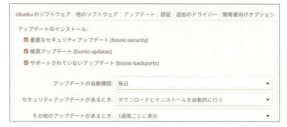

5 アップデートする

手順4終了後にアップデートファイルがある場合は、＜再読込＞をクリックします。

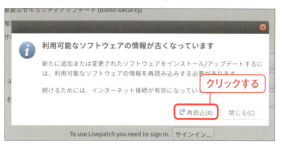

6 アップデートが開始される

アップデートファイルがインストールされるので、画面の指示に従ってインストールします。

Ubuntuを最新バージョンにアップデートする

Ubuntuの更新機能では、OSの細かいバグフィックスやセキュリティホール対策だけでなく、Ubuntu本体のメジャーアップデートも利用できます。Ubuntu本体のメジャーアップデートについては、「ソフトウェアとアップデート」画面の「アップデート」タブの、「Ubuntuの新バージョンの通知」から設定できます。初期状態のUbuntuでは、「Ubuntuの新バージョンの通知」が「長期サポート（LTS）版」に設定されています。「長期サポート（LTS）版」とは、サポート期間が5年間と長く、安全性の高いUbuntuのバージョンです。本書で紹介している「Ubuntu 18.04 LTS」は、この長期サポート版です。一方、「Ubuntuの新バージョンの通知」で、「すべての新バージョン」を選択することも可能です。「すべての新バージョン」を選択すると、「LTS版」以外の6ヶ月に一度リリースされる最新のUbuntuに対応したアップデートを受けることも可能になり、より最新の状態を保つことができるようになります。ただし、「LTS版」以外のUbuntuは、サポート期間が最短で9ヶ月程度しかないので、注意しましょう。

長期サポート版では、アップデートを長期間受けることができます。

「すべての新バージョン」を選択すると「LTS版」以外も通知されるようになり、小規模アップデートにも対応できます。

COLUMN

リポジトリ以外からインストールしたアプリのアップデート

P.68の「Google Chrome」など、リポジトリ以外からインストールしたアプリは、手動でアップデートする必要があります。たいていのアプリは、起動時に通知が表示されるので、画面の指示に従ってアップデートできます。

セキュリティ

Chapter 5　セキュリティを強化しよう

ユーザーアカウントを管理する

● ユーザーアカウント
● 追加

ユーザーアカウントは、1台のパソコンを複数のユーザーで利用する場合に、便利な機能です。ここでは、ユーザーアカウントを新規に作成する、アカウントの権限を変更するなどの、ユーザーアカウントの管理方法を覚えましょう。

 ユーザーアカウントの設定を表示する

1 システムメニューを表示する
システムメニューをクリックし❶、ユーザー名をクリックします❷。

2 「ユーザー」画面を開く
＜アカウント設定＞をクリックします。

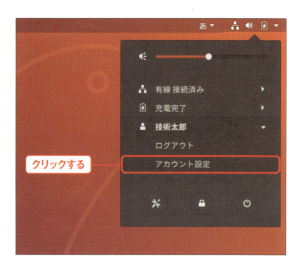

3 ロックを解除する
「ユーザー」画面が表示されます。重要な項目は、初期状態ではロックされています。＜ロック解除＞をクリックして❶、パスワードを入力します❷。

4 認証を行う
認証画面が表示されます。パスワードを入力し❶、＜認証＞をクリックします❷。

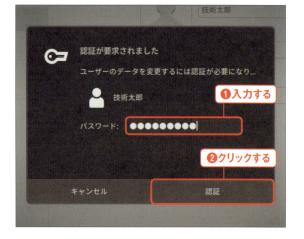

102

ユーザーアカウントを追加する

1 新規ユーザーアカウントを作成する
左側のメニューから＜ユーザー＞をクリックし❶、＜ユーザーの追加＞をクリックします❷。

2 ユーザーの種類と名前を設定する
アカウントの種類をクリックして選択し❶、「フルネーム」と「ユーザー名」を入力します❷。

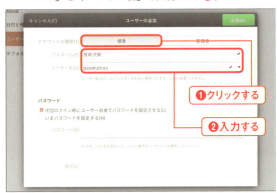

3 パスワードを入力する
＜いまパスワードを設定する＞をクリックして選択し❶、パスワードを入力して❷、＜追加＞をクリックします❸。

4 追加したアカウントを確認する
「ユーザー」画面に、作成したアカウントが追加されます。

5 ユーザーアカウントを切り替える
ログイン中のユーザーから別のユーザーへのアカウントに切り替えるには、システムメニューをクリックし❶、ユーザー名をクリックして❷、＜ユーザーの切り替え＞をクリックします❸。

6 別のユーザーでログインする
「ログイン」画面が表示されます。ログインしたいユーザー名をクリックして選択し、パスワードを入力すればログインできます。アカウントの名前が見当たらない場合は、＜アカウントが見つかりませんか？＞をクリックして、ユーザー名とパスワードを入力してログインしましょう。

セキュリティ

Chapter 5 | セキュリティを強化しよう

ログイン設定を変更する

- ログイン
- 画面ロック

Ubuntuのログイン関連の設定や、画面ロックなどの設定をしましょう。ログイン関連の設定は、パソコンの無断使用や画面のぞき見などを防ぐため、非常に重要なセキュリティ対策となります。

ログイン時のパスワード入力設定を変更する

1 ロックを解除する

P.102手順 1 ～ 2 を参照して、「ユーザー」画面を表示し、左側のメニューから＜ユーザー＞をクリックして❶、＜ロック解除＞をクリックします❷。

2 認証を行う

「認証」画面が表示されます。パスワードを入力し❶、＜認証＞をクリックすると❷、アカウント設定画面が表示されます。

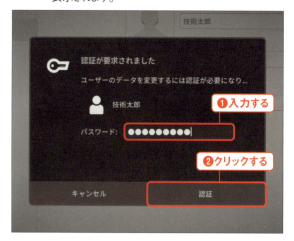

3 「自動ログイン」設定を変更する

「自動ログイン」の＜オフ＞をクリックして「オン」に変更すると、ログイン画面が表示されなくなり、画面左で選択されているユーザーのアカウントで自動的にログイン処理が行われます。

COLUMN

ログイン管理の設定は慎重に行う

一人暮らしのユーザーや、頻繁にパソコンの電源のON／OFFを切り替えるユーザーにとって、ログイン時のパスワード入力は面倒です。ですが、ログイン時のパスワード入力はもっとも基本となるセキュリティで、パソコンの無断使用や盗難時の被害を防ぐため、永続的に無効にすることはおすすめできません。ただし、パソコンを家でしか使わないユーザーなどであれば、パスワードを無効化してもよいでしょう。

画面ロックの設定を変更する

1 「プライバシー」設定を開く
システムメニューをクリックし、■をクリックして、「設定」画面を表示します。左側のメニューから＜プライバシー＞をクリックします。

2 画面ロックの設定を開く
「プライバシー」画面が表示されたら、＜画面ロック＞をクリックします。

3 画面ロックの設定を行う
「自動画面ロック」の＜オフ＞をクリックすると、画面ロック機能が「オン」になり、一定時間無操作状態が続くとパソコンがロックされます。「オフ」にすると、パソコンはロックされません。

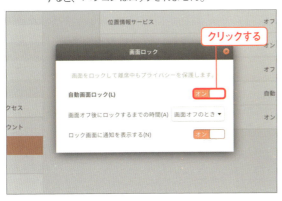

COLUMN
サスペンドを設定する
「設定」画面の「電源」画面からは、「自動サスペンド」までの時間を好きな時間に変更できます。「サスペンド」の詳細は、P.37を参照してください。

手動でパソコンをロックする

1 システムメニューからロックを行う
システムメニューをクリックし❶、■をクリックすると❷、画面がロックされます。

2 画面ロックを解除する
ロック画面を解除するには、パスワードを入力して❶、＜ロック解除＞をクリックします❷。

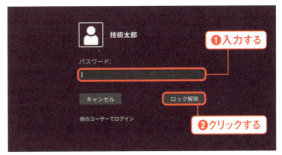

ウイルス対策をする

- ウイルス
- ClamTK

Windowsでは大きな脅威となっているコンピューターウイルスですが、Ubuntuではどのように対策すればよいでしょうか？ Ubuntuのウイルス対策をしっかりして、安全に使いましょう。

Ubuntuに必要なセキュリティ対策

Ubuntuの安全性の高さは、Windowsとは比較になりません。理由はP.7で解説した通り、さまざまなものがあります。しかし、これはユーザーがセキュリティ上の約束事を守っていることが前提となります。Ubuntuのセキュリティを守るには、以下の3つの約束事を、ユーザー自身が守る必要があります。Ubuntuのセキュリティ対策においては、ウイルス対策アプリの導入以上に「ユーザーの意識」が重要です。

アプリを「Ubuntuソフトウェア」以外から入手しない

「Ubuntuソフトウェア」から入手できるアプリは、専門家の厳しいチェックを通過したアプリのため、原則として危険はありません。ですが、インターネット上で公開されているアプリの中には、危険なものが少なからず混ざっているため、信頼のおけるサイト以外からはインストールしてはいけません。

むやみにOSやアプリの設定を変更しない

Ubuntuは、初期状態でパソコンを安全に守れるように設定されています。そのため、むやみに設定を変更してしまうと、かえって安全性が損なわれる場合が少なくありません。これは、「Ubuntuソフトウェア」で配布されているアプリも同様です。

OSやアプリを最新の状態に保つ

3つ目は、OSやアプリを最新の状態に保つことです。Ubuntuの場合、自動更新機能さえ初期状態（有効）のままにしておけば、OSだけでなくアプリも最新の状態に更新してくれます。また、大きな脅威情報が更新されたら、手動でアップデートすればより安全です。

COLUMN

ウイルス対策アプリは必要？

Ubuntuでは、ウイルス対策アプリの重要性は、Windowsほど高くありません。ですが、ウイルス対策アプリがあったほうが、より安全なのは言うまでもありません。Ubuntu用のウイルス対策アプリはいくつかありますが、右ページでは、「Ubuntuソフトウェア」から入手できる、無料のウイルス対策アプリ「Clam AntiVirus」（ClamAV）の導入方法を解説します。インストールしたウイルス対策アプリで、インターネット上からファイルやアプリを入手したときや、WineでWindows用アプリを利用する際などに、事前にファイルをスキャンしておくと安心です。

ClamTK（ClamAV）を使う

1 ClamTKをインストールする

P.60を参考に、「Ubuntuソフトウェア」から「ClamTK」をインストールします。

クリックする

2 ClamTKを起動する

インストール後にDashを起動し、検索フォームに「clamtk」と入力して❶、検索結果から＜ClamTK＞をクリックして起動します❷。

❶入力する
❷クリックする

3 手動でスキャンを行う

＜ファイルをスキャン＞をクリックすると、指定したファイルごとにスキャンできます。また、＜フォルダーをスキャン＞をクリックすると、指定したフォルダーごとにスキャンできます。ここでは、例として＜フォルダーをスキャン＞をクリックします。

クリックする

4 フォルダーを選択する

フォルダー選択画面が表示されたら、スキャンしたいフォルダーをクリックして選択し❶、＜OK＞をクリックします❷。

❶クリックする
❷クリックする

5 スキャン結果が表示される

スキャンが開始されます。スキャンが完了すると、ファイル数と潜在的な脅威の数を確認できます。

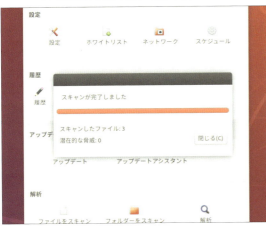

COLUMN

自動スキャンを設定する

手順3の画面で＜スケジュール＞をクリックすると、ホームフォルダーのスキャンとアンチウイルスのシグネチャー（ウイルス定義ファイル）の更新を自動的に行う時刻を設定できます。

| セキュリティ | Chapter 5 | セキュリティを強化しよう |

ファイアウォールを設定する

- ファイアウォール
- gufw

現在のパソコンではインターネットの常時接続環境が当たり前になっていますが、そこで重要になるのが、パソコンとインターネットの間の「防壁」である「ファイアウォール」です。Ubuntuでもファイアウォールを設定し、パソコンを脅威から守りましょう。

Ubuntuのファイアウォール

Windowsと同様に、Ubuntuにも「iptables」というパケットフィルタリングタイプのファイアウォール機能が搭載されています。専門知識がないとiptablesの設定は難しいですが、「ufw」または「gufw」というアプリを使うことで、iptablesの設定を変更できます。

つまり、初期状態のUbuntuではファイアウォール機能が無効になっています。しかし、「Ubuntuソフトウェア」でこれらのアプリを検索しても、インストールされていません。

ファイアウォールは、Windowsでは今や必須のセキュリティシステムです。にもかかわらず、初期状態のUbuntuではなぜ、無効になっているのでしょうか。理由としては以下の4つがあげられます。

- Ubuntuを狙う脅威が極めて少ない。
- 初期状態のUbuntuには、外部からのアクセスを受け付けるようなアプリがインストールされていない。
- ファイアウォールを有効にすると利便性が損なわれる。
- ファイアウォールを適切に設定および運用するのが難しい。

少なくとも現時点では、ファイアウォールで防げるタイプの脅威にUbuntuがさらされることは、めったにありません。そのため、Ubuntuではファイアウォール機能が、初期状態では無効になっているのです。ですが、ユーザーが適切に運用できるのであれば、ファイアウォールがあるほうがセキュリティは高まりますし、ルーター等を介さず直接モデムに接続してインターネットを利用しているような利用環境であれば、ファイアウォールの必要性はかなり高くなります。ファイアウォールの機能を理解し、必要に応じてオン／オフを切り替えることができる場合は、設定を変更しましょう。

✐ COLUMN
ファイアウォールとは

「ファイアウォール」（firewall）とは、インターネットとパソコンの間で「防壁」の役割を果たすハードウェア、またはソフトウェアのことです。インターネットからの不正アクセスや、ネットワーク経由で広まるマルウェアの蔓延により、Windowsではすでに、ファイアウォールは必要不可欠なセキュリティシステムとなっています。そのため、WindowsシリーズではWindows XPサービスパック2以降、「Windowsファイアウォール」という簡易ファイアウォールがOSに搭載されています。

108

「gufw」をインストールする

Ubuntuに搭載されている「ufw」は、「ファイアウォールとしての機能を、なるべくシンプルに設定する」という理念に基づいて設計された優れたアプリで、初期状態では無効になっていますが、いつでも有効にできます。しかし、ufwはCUIベース、つまりコマンドの直接入力で操作するアプリなので、Ubuntuに詳しくないユーザーにとっては、かなりハードルの高い操作が必要です。そこでおすすめなのが、「ファイアウォール設定ツール」（ファイル名「gufw」）です。ファイアウォール設定ツールをインストールすれば、ufwがかんたんに操作できるようになります。

1 gufwをインストールする

P.60を参考に、「Ubuntuソフトウェア」から「gufw」をインストールします。

2 gufwを起動する

インストール後にDashを起動し、検索フォームに「gufw」と入力して❶、検索結果から＜gufw＞をクリックして起動します❷。

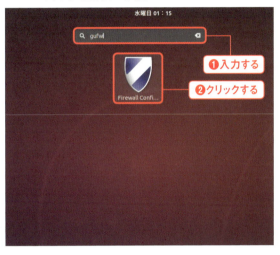

3 認証を行う

認証画面が表示されます。パスワードを入力し❶、＜認証＞をクリックします❷。

4 gufwが起動する

gufwが起動します。

5 ファイアウォール機能を有効にする

Ubuntuのファイアウォール機能を有効にします。「Status」の＜オフ＞をクリックし、表示が「オン」に切り替わると、ファイアウォールが有効になります。

6 ファイアウォール機能で通信を制御する

ファイアウォール設定ツールでは、「Incoming」（インターネット→パソコン）と「Outgoing」（パソコン→インターネット）双方の通信を、それぞれ「Allow」「Deny」「Reject」の3種類のアクションで制御できます。必要に応じて下記を参考に設定を行います。

Allow

通信を許可します。初期状態のファイアウォール設定ツールでは、「Outgoing」、つまり「パソコンからインターネット方向の通信」は「Allow」が選択されており、基本的に許可されます。

Deny

通信をブロックし、発信元には何も返信しません。初期状態のファイアウォール設定ツールでは、「Incoming」、つまり「インターネットからパソコン方向の通信」は「Deny」が選択されており、基本的にブロックされます。

Reject

通信をブロックし、発信元に「Connection Refused」を返信します。「Deny」された通信が「タイムアウト」になるのに対して、「Reject」された通信は、発信元に「接続拒否」が伝えられます。

COLUMN

設定は変更しなくてもよい

ファイアウォール設定ツールでは、初期状態で「Outgoing」が「Allow」、「Incoming」が「Deny」となっています。この設定は、安全性と利便性のバランスがもっともよい設定です。下手に変更すると、トラブルの原因になったり、セキュリティホールを自ら作り出すことになったりしかねないので、特別な理由がない限り変更する必要はありません。

特定のアプリの通信を許可／拒否する

ファイアウォールはパソコンとインターネットの間で防壁の役割を果たすセキュリティシステムですが、人間と違ってプログラムに従って機械的に通信を制御するため、ときには必要な通信までブロックしてしまったり、逆に危険な通信を許可してしまったりすることがあります。そんな場合は、アプリごとに例外設定を行う必要があります。

ここで説明するファイアウォール機能のカスタマイズは、場合によってはトラブルの元になったり、セキュリティホールの原因になったりする、危険なカスタマイズです。必要な場合のみ、変更の意味をしっかり理解して行いましょう。

1 「ルール」画面を開く

ファイアウォール設定ツールから、＜ルール＞をクリックします。

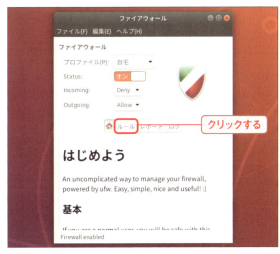

2 ルールを追加する

＋をクリックすると、「ファイアウォールのルールを追加」画面が表示されます。

3 通信を許可／拒否するアプリを選択する

「Application」欄から、通信を許可／拒否したいアプリを選択します。「カテゴリー」や「サブカテゴリー」で、表示されるアプリのカテゴリーを絞り込むことができます。なお、選択したアプリによって注意点や必要な追加設定などのヒントが表示されます。

4 ファイアウォールの動作を選択する

「ポリシー」欄から、対象アプリに対するファイアウォールの動作をP.110を参考に選択し❶、＜追加＞をクリックします❷。

セキュリティ　Chapter **5** セキュリティを強化しよう

バックアップする

- バックアップ
- 復元

パソコンの故障やコンピュータウイルスなどのトラブル対策として、バックアップは重要なセキュリティ対策です。Ubuntuには初期状態で、バックアップツールが完備されているので、これを利用してバックアップを行いましょう。

バックアップを行う

1 保存先のクラウドストレージを選ぶ

「設定」画面で＜オンラインアカウント＞をクリックし❶、ここでは連携するクラウドストレージとして＜Google＞をクリックします❷。

2 Googleアカウントでログインする

Googleアカウントとパスワードを入力し、Googleにログインします。

3 保存先を変更する

P.41を参考に「バックアップ」を検索します。「バックアップ」が起動したら、サイドメニューから＜保存場所＞をクリックし❶、「保存場所」と「フォルダー」を設定します❷。ここでは、Googleドライブを保存先として設定します。

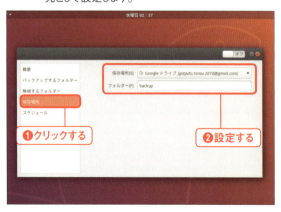

4 バックアップを実行する

サイドメニューから＜概要＞をクリックし❶、＜今すぐバックアップ＞をクリックします❷。

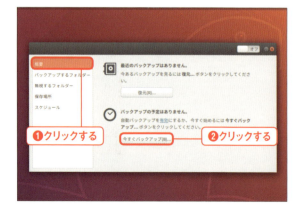

112

5 パッケージのインストールを行う

初回バックアップ時のみ、duplicityパッケージのインストールが必要になります。＜インストール＞をクリックします。

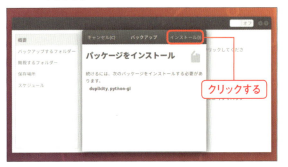

6 認証を行う

認証画面が表示されます。パスワードを入力し❶、＜認証＞をクリックします❷。

7 バックアップにパスワードを設定する

「バックアップをパスワードで保護する」を選択し❶、「暗号化パスワード」と「パスワードの確認」に任意のパスワードを入力して❷、＜進む＞をクリックします❸。

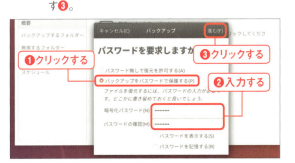

8 バックアップを完了する

バックアップが実行されます。初回バックアップ時には時間がかかります。バックアップ画面に「最後のバックアップは今日でした。」と表示されたら、バックアップは完了です。

高度なバックアップを行う

バックアップ対象を追加する

必要に応じて、バックアップ対象は追加できます。「バックアップ」画面から＜バックアップするフォルダー＞をクリックし❶、＋をクリックして❷、バックアップ対象をフォルダー単位で追加できます。

定期的にバックアップを自動実行する

Ubuntuのバックアップ機能は、定期的に自動実行することも可能です。左側のメニューから＜スケジュール＞をクリックし❶、画面右上の＜オフ＞をクリックして「オン」に切り替えます❷。＜間隔＞で設定した頻度で、自動的にデータがバックアップされるようになります❸。

バックアップからデータを復元する

1 「復元」をクリックする
左側のメニューから＜概要＞をクリックし❶、＜復元＞をクリックします❷。

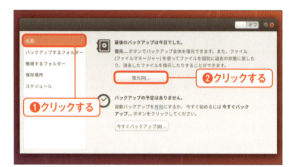

2 バックアップの保存先を選択する
P.112手順3で設定した保存先からバックアップする場合は、そのまま＜進む＞をクリックします。別の場所に保存しているバックアップから復元する場合は、任意の保存先を設定します。

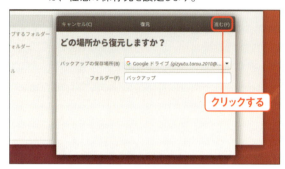

3 バックアップデータを選択する
復元するバックアップデータを選択します。「日付」で復元したいバックアップデータをクリックして選択し❶、＜進む＞をクリックします❷。

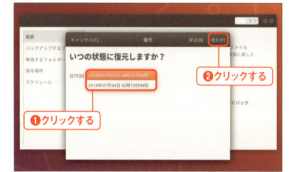

4 復元場所を選択する
ファイルの復元場所をクリックして選択し❶、＜進む＞をクリックします❷。

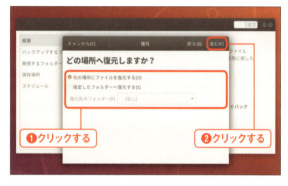

5 バックアップデータを選択する
内容に問題がなければ＜復元＞をクリックします。バックアップデータにパスワードをかけている場合は、パスワードを入力して、＜続行する＞をクリックします。なお、バックアップデータに暗号を設定している場合は、パスワードの入力が求められるので、パスワードを入力して＜進む＞をクリックします。

6 結果を確認する
「復元が終了しました」と表示されたら、復元作業は終了です。＜閉じる＞をクリックしましょう。

Chapter 5 セキュリティを強化しよう

114

カスタマイズ

Chapter **6**

自分好みに カスタマイズ しよう

テーマを変更する	**116**
キーボードショートカットを変更する	**118**
ノートパソコンの省電力設定を行う	**120**
ディスプレイ解像度設定を行う	**122**
日本語環境をセットアップする	**124**

カスタマイズ

Chapter 6 自分好みにカスタマイズしよう

テーマを変更する

- 壁紙
- テーマ

Windowsは、「テーマ」を切り替えることで、デスクトップ背景、ウィンドウ枠のカラー、サウンドなど、主に視覚的な要素を一括で変更できます。Ubuntuでは、「GNOME Tweaks」というアプリを使って、テーマのカスタマイズが可能です。

GNOME Tweaksでテーマを変更する

Ubuntu 18.04 LTSでは、従来のバージョンとは異なり、「設定」画面からテーマが変更できなくなりました。そのかわり、Ubuntuのシステムをカスタマイズできる「GNOME Tweaks」というアプリを使って自分好みにカスタマイズできます。

1 GNOME Tweaksをインストールする

Dockから＜Ubuntuソフトウェア＞をクリックして起動し、「GNOME Tweaks」を検索して＜インストール＞をクリックしてインストールします。

2 GNOME Tweaksを起動する

Dashを起動し、検索欄に「tweaks」と入力して❶、検索結果から＜Tweaks＞をクリックして起動します❷。

3 テーマをカスタマイズする

左側のメニューから＜外観＞をクリックし❶、「アプリケーション」「カーソル」「アイコン」などの項目をクリックして❷、変更したいテーマ（ここでは＜HighContrast＞）をクリックします❸。

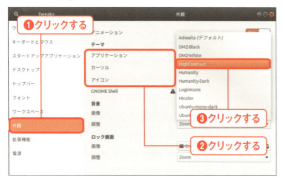

4 テーマが変更される

テーマが変更されました。なお、GNOME Tweaksを利用して、インターネット上で配布されているテーマを適用することも可能です。

壁紙を変更する

Ubuntuでは、デスクトップやロック画面の背景画像も自分の好きな画像に変更できます。変更したい画像を、あらかじめ「ピクチャ」フォルダーに入れておきましょう。

1 設定画面を表示する

システムメニューをクリックし❶、★をクリックして❷、「設定」画面を表示します。

2 変更する背景を選択する

左側のメニューから＜背景＞をクリックします❶。デスクトップを変更する場合は＜背景＞、ロック画面を変更する場合は＜ロック画面＞をクリックします❷。

3 オリジナルの画像に変更する

＜画像＞タブをクリックし❶、変更したい画像をクリックして選択すると❷、「ピクチャ」フォルダーの画像が表示されます。＜選択＞をクリックすると、オリジナルの画像がデスクトップの壁紙として適用されます❸。

COLUMN 単色に変更する

単色に変更する場合は、手順3の画面で＜色＞タブをクリックし❶、変更したい色をクリックして選択して❷、＜選択＞をクリックします❸。

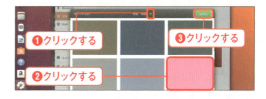

Dockの表示を変更する

アイコンのサイズを変更する

「設定」画面で＜Dock＞をクリックし❶、「アイコンのサイズ」でスライダーを左右にドラッグしてアイコンのサイズを変更できます❷。数値を小さくすればアイコンのサイズが小さくなり、数値を大きくすればアイコンのサイズは大きくなります。

Dockを隠す

マウスカーソルを移動させたときのみ、Dockを表示させることも可能です。「Dock」画面で、「Dockを自動的に隠す」の＜オフ＞をクリックして「オン」にすると、Dockが自動的に隠れます。なお、Dockを表示する場所も設定できます。

カスタマイズ

Chapter 6 自分好みにカスタマイズしよう

キーボードショートカットを変更する

- ショートカット
- キーボード

Ubuntuは、Windowsと同様、グラフィックベースで操作できる、初心者に優しいOSです。しかしそれと同時に、キーボードショートカットが非常に多彩なOSでもあり、慣れればキーボードだけでもほとんどの作業が行えます。

キーボードショートカットとは？

キーボードショートカットとは、パソコン上での操作を、キーボードからのキー入力だけですばやく行うための、キーの組み合わせです。下記に覚えておくと便利なショートカットをまとめたので、まずはこのショートカットを使いこなせるようになりましょう。これらのキーボードショートカットは、UbuntuとWindowsで共通のものです。加えて、Ubuntuには独自のキーボードショートカットもたくさんあります。Ubuntu 18.04 LTSからは「Windows」キーもショートカットに加わり、よりキーボードショートカットでできることの幅が広がりました。ショートカットを使いこなせるようになると、作業効率が格段に向上します。

WindowsとUbuntuの共通のキーボードショートカット	
Ctrl + x	切り取り
Ctrl + c	コピー
Ctrl + v	貼り付け
Ctrl + a	すべて選択
Ctrl + z	元に戻す
Alt + F4	ウィンドウを閉じる
Ctrl + Alt + Del	ログアウトする
⊞ + PgDn	1つ下のワークスペースに移動する
⊞ + PgUp	1つ上のワークスペースに移動する

COLUMN

キーボードショートカットはどこで確認できる？

Ubuntuのキーボードショートカットはたくさんあるため、すべてを覚えるのはたいへんです。デフォルトのキーボードショートカットを確認したい場合は、P.119手順3の「キーボードショートカット」画面から確認できます。

118

キーボードショートカットをカスタマイズする

1 「設定」画面を表示する
システムメニューをクリックし❶、❇️をクリックします❷。

2 デバイスの設定を開く
「設定」画面が表示されます。左側のメニューから＜デバイス＞をクリックします。

3 変更したいショートカットを選択する
左側のメニューから＜キーボード＞をクリックし❶、ショートカットの一覧から変更したいショートカットをクリックします❷。

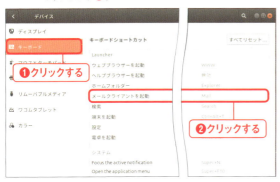

4 新しいショートカットを入力する
「ショートカットの設定」画面が表示されたら、キーの組み合わせを入力します。これで、新しいショートカットが適用されます。

COLUMN

キーボードショートカットを無効化する

設定したいキーの組み合わせがすでに別のキーボードショートカットに割り当てられている場合や、ミスタッチでついつい押してしまう不要なキーボードショートカットがあるときは、キーボードショートカットを無効にすることも可能です。無効にしたいキーボードショートカットを選択して、[BackSpace]を押します。「無効」と表示され、以後、そのキーボードショートカットは使えなくなります。

カスタマイズ　Chapter 6　自分好みにカスタマイズしよう

ノートパソコンの省電力設定を行う

- バッテリー
- 消費電力

Ubuntuは、Windowsよりはるかにパソコンへの負荷が軽い、軽量OSです。特に性能の低いノートパソコンでは違いを実感できるはずです。そんなノートパソコンでの運用で重要になるのが、電源設定です。

サスペンドまでの時間を変更する

1 「設定」画面を表示する

システムメニューをクリックし❶、をクリックします❷。

2 電源設定を開く

「設定」画面が表示されます。左側のメニューから<電源>をクリックし❶、<自動サスペンド>をクリックします❷。

3 サスペンドの設定を行う

「バッテリー動作時」が「オン」になっていることを確認して、変更したい時間をクリックします。

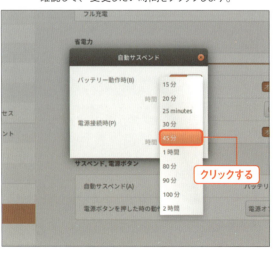

COLUMN サスペンド時間の目安

デスクトップパソコンの場合はあまり電力消費を気にする必要がないので、初期状態の「サスペンドしない」で問題ありませんが、ノートパソコンの場合は10〜30分程度を選択しておくとよいでしょう。なお、「サスペンド」とは、メモリーなど必要最小限のハードウェアのみに電源を供給し、ほかのハードウェアへの電力供給をストップする機能です。電力消費を最小限に抑えつつ、メモリー上のデータなどはそのまま残っているため、電源ボタンを押せば数秒でパソコンが復帰します。

その他のバッテリー対策

画面の明るさを調整する

パソコンでもっともかんたんに消費電力を抑える方法は、画面の明るさを調整することです。「電源」画面の「画面の明るさ」に表示されているスライダーを左右にドラッグして調整を行います。設定項目が表示されない場合は、下記COLUMNを参考に画面の明るさを調整しましょう。

無操作状態のときに画面を消灯する

「電源」画面の「操作していないときに画面を暗くする」をオンにすると、無操作状態のときにディスプレイを消灯するかどうかを設定できます。「ブランクスクリーン」から、任意の時間を設定できるので、5〜10分程度に設定しておくとよいでしょう。

CPUの消費電力を抑える

「アクティビティ」画面から「システムモニター」を検索すれば、現在実行中のプロセスのCPU使用率やメモリー使用量などを確認できます。CPU使用率の大きいプロセスは、ここから停止／終了させることもできます。

cpufreqを利用する

cpufreqは、CPUのクロック数を変更できるツールです。「Ubuntuソフトウェア」からダウンロードでき、OSの負荷に応じてCPUのクロック数を調整することで、消費するバッテリーを抑えることができます。

COLUMN
ノートパソコンに備わっているボタンから明るさを調整する

ノートパソコンによっては、Ubuntu上の設定だけではなく、明るさ調整キーと Fn の同時押しでディスプレイの明るさを調整できる場合があります。なお、キーボードから変更した明るさは、再起動時にリセットされます。

カスタマイズ

Chapter 6 | 自分好みにカスタマイズしよう

ディスプレイ解像度設定を行う

- 解像度
- マルチモニター

ディスプレイに関する設定は、作業時の視認性を大きく左右する重要な要素です。ここでは、Ubuntuのディスプレイの解像度を変更する方法など、ディスプレイに関する設定の変更方法を覚えましょう。

ディスプレイに関する設定変更を行う

1 「設定」画面を表示する

システムメニューをクリックし❶、をクリックします❷。

2 デバイス設定を開く

「設定」画面が表示されます。左側のメニューから＜デバイス＞をクリックします。

3 ディスプレイ設定を変更する

Ubuntuのディスプレイに関する設定変更は、この画面で行います。右ページを参考に設定を変更したら❶、＜適用＞をクリックします❷。

4 変更を適用する

確認画面が表示されます。正常に画面が表示されている場合は、＜変更を保存＞をクリックします。変更がシステムに反映されます。なお、描画になんらかの問題がある場合には、＜設定を元に戻す＞をクリックします。

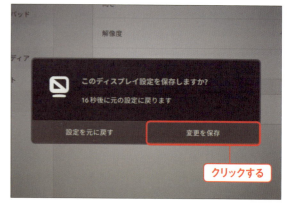

ディスプレイの詳細設定

ディスプレイの解像度を変更する

ディスプレイの解像度は、「ディスプレイ」画面の「解像度」から設定します。クリックすると、利用しているビデオカードやディスプレイで選択可能な解像度が表示されるので、任意の解像度をクリックします。Ubuntuを起動した際に、使用しているモニターと画面の幅が合っていない場合は、ここから解像度を変更します。Windows 10では、「設定」アプリの＜システム＞→＜ディスプレイ＞の順にクリックし、「解像度」で現在の解像度を確認できるので、あらかじめ確認しておけば、Ubuntuで設定する際にスムーズに作業することができます。使っているディスプレイの解像度がわからなくなってしまったら、型番を確認して公式サイトなどから確認しましょう。

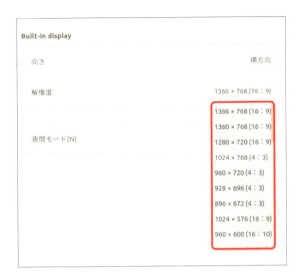

マルチモニターで表示する

「マルチモニター」とは、複数のディスプレイを使ってデスクトップ領域を拡大する表示方法です。Windows 10の「拡張」表示モードと同様の表示方法で、たとえば2台のディスプレイをマルチモニターとして使えば、デスクトップの表示領域が2倍となり、一度に表示できる情報量が増えます。複数台のディスプレイがパソコンに接続されている場合、初期状態のUbuntuはマルチモニターで表示します。また、複数のディスプレイをマルチモニターで利用している場合には、「ディスプレイ」画面上部にそれぞれのディスプレイが表示されます。それぞれのディスプレイは、ドラッグ&ドロップで移動可能で、並べ方を自由に変更できます。「ミラー」は、メインのディプレイともう1台のディスプレイに同じ画面を写すモードです。

ディスプレイの向きを変える

通常、パソコンのディスプレイは横長で配置されますが、作業内容によっては、ディスプレイを縦長で設置する方が便利な場合もあります。その場合は、「向き」欄でディスプレイの表示を回転させることができます。

COLUMN
画面が真っ暗になってしまったら

ディスプレイ設定で不適切な設定変更を行うと、モニターに何も映らなくなってしまうことがあります。そのようなときは慌てず、20秒間待ちましょう。無操作状態が20秒間続くと、P.122手順4で＜設定を元に戻す＞をクリックした場合と同様に、Ubuntuが変更前の状態に自動的に戻ります。

カスタマイズ

Chapter 6 自分好みにカスタマイズしよう

日本語環境をセットアップする

- 日本語環境
- 言語サポート

本書に付属しているUbuntuは日本語Remix版なので、初期状態でも日本語入力が可能です。ただし、新しいバージョンにアップデートした場合や、英語版をインストールした場合は、日本語環境をセットアップする必要があります。

言語サポートをインストールする

1 「設定」画面を表示する

システムメニューをクリックし❶、をクリックして❷、「設定」画面を表示します。

2 言語サポート画面を表示する

「設定」画面の左側のメニューから＜地域と言語＞をクリックし❶、＜インストールされている言語の管理＞をクリックして❷、言語サポート画面を表示します。

3 言語サポートをインストールする

「言語サポートが完全にはインストールされていません」と表示された場合は、＜インストール＞をクリックします。

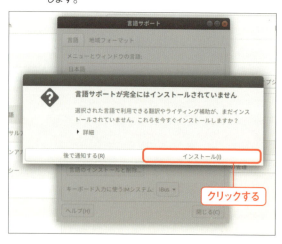

4 認証作業を行う

「認証」画面が表示されます。「パスワード」欄にパスワードを入力し❶、＜認証＞をクリックします❷。

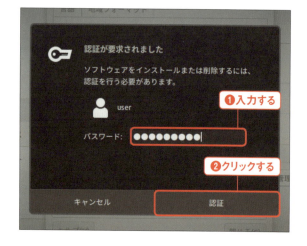

124

Ubuntu 100% Guide

5 インストールを実行する

不足しているコンポーネントが自動でインストールされます。

6 使用言語を選択する

インストールが終わると「言語サポート」画面が最前面に表示されます。「言語」タブで「日本語」がいちばん上にあることを確認します。2番目以降になっている場合は、ドラッグしていちばん上に移動させます。

7 システムに適用する

＜システム全体に適用＞をクリックします。

8 認証作業を行う

認証画面が表示されます。「パスワード」欄にパスワードを入力し❶、＜認証＞をクリックします❷。これで、Ubuntuのシステムが日本語表示になります。

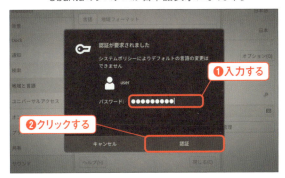

日本語をインストールする

1 言語をインストールする

「言語」タブの「メニューとウィンドウの言語」欄に「日本語」がない場合は、日本語を別途インストールする必要があります。「言語」タブで＜言語のインストールと削除＞をクリックします。

2 日本語を選択する

「インストールされている言語」画面で＜日本語＞をクリックしてチェックを付け❶、＜適用＞をクリックします❷。

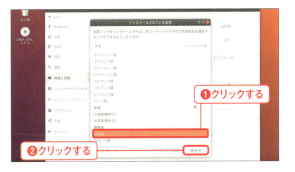

索引

アルファベット

AACコーデック	081
Adobe製品のライセンス	022
APTライン	029
BIOS	012
Blu-ray Disc	011
Boot Menu	014, 034
ClamTK	107
Dash	038
Dock	042
Dropbox	086
DVD-ROM	015
DVDビデオ	011
Empathy	079
Firefox	066
Firefox Sync	067
GIMP	084
GNOME Shell	027
GNOME Tweaks	116
GNOMEアプリ	052
Google Chrome	068
gufw	109
Internet Explorer	017
iTunes	022
LibreOffice	070
Linux	006
Microsoft Edge	017
Microsoft Office	022
Office Online	072
OneDrive	087
Outlook	018
Outlook Express	021
PDF化	093
RawTherapee	085
Rhythmbox	080
Skype	078
SSID	044
Thunderbird	074
Ubuntu	006
Ubuntuソフトウェア	060
UEFI	013, 034
USBメモリー	032
VLCメディアプレイヤー	088
Webブラウザ	064, 066
Wi-Fi	044
Wi-Fiアクセスポイント	044
Windows 10	008
Windowsアプリ	022, 096
Wine	098
Wine HQ	096
Winetricks	097

あ 行

アップデート	100
アドレス帳	021
アプリメニュー	042
アプリを検索	041
アンインストール	062
インストール	024, 060
インターネット	044
ウイルス対策	106
オープンソースドライバー	048
お気に入り	017
オフィスアプリ	064

か 行

解像度	123
カスタムインストール	031
壁紙	117
キーボードショートカット	118
キーボードショートカットを無効化	119
起動	036
クラウドストレージ	086
言語サポート	124
コンポーネント	009

さ 行

サスペンド	037
システム要件	012

終了	037
省電力設定	120

た 行

単語を登録	055
ディスクイメージ	032
ディスプレイ	048, 122
ディスプレイの向き	123
テーマ	116
デスクトップ	027
デフォルトのアプリに設定	089
デュアルブート	030
電源オフ	037
電子メール	074
動画の再生	088
ドライバー	091

な 行

日本語環境	124
日本語入力	054
入力文字種	054

は 行

バージョン	007
パーティション	031
パスワード	019
バックアップ	016, 058, 112
引き継ぎ	008
ファイアウォール	108
ファイル	056
フォント	094
復元	114
プリンター	090
プレイリスト	082
プロプライエタリドライバー	048

ま 行

マルチモニター	123
ミュージックプレイヤー	065
メール	018

メールアプリ	065
メッセージアプリ	065
メディアプレイヤー	065
メニューバー	053
メモリー	012
文字化け	097

や 行・ら 行

ユーザーアカウント	102
ユーザーフォルダー	016
予測変換	055
リポジトリ	028
ログアウト	037
ログイン	036
ログイン設定	104
ロック	037

わ 行

ワークスペース	050

お問い合わせについて

本書に関するご質問については、本書に記載されている内容に関するもののみとさせていただきます。本書の内容と関係のないご質問につきましては、一切お答えできませんので、あらかじめご了承ください。また、電話でのご質問は受け付けておりませんので、必ずFAXか書面にて下記までお送りください。
なお、ご質問の際には、必ず以下の項目を明記していただきますようお願いいたします。

1. お名前
2. 返信先の住所またはFAX番号
3. 書名
   Ubuntu はじめる＆楽しむ 100％活用ガイド
   ［Ubuntu 18.04 LTS 日本語 Remix 対応］
4. 本書の該当ページ
5. ご使用のOSのバージョン
6. ご質問内容

なお、お送りいただいたご質問には、できる限り迅速にお答えできるよう努力いたしておりますが、場合によってはお答えするまでに時間がかかることがあります。また、回答の期日をご指定なさっても、ご希望にお応えできるとは限りません。あらかじめご了承くださいますよう、お願いいたします。ご質問の際に記載いただきました個人情報は、回答後速やかに破棄させていただきます。

■ お問い合わせの例

FAX

1 お名前
　技術　太郎
2 返信先の住所またはFAX番号
　03-XXXX-XXXX
3 書名
　Ubuntu はじめる＆楽しむ
　100％活用ガイド
　［Ubuntu 18.04 LTS
　日本語 Remix 対応］
4 本書の該当ページ
　40ページ
5 ご使用のOSのバージョン
　Ubuntu 18.04 LTS
6 ご質問内容
　手順3の画面が表示されない

お問い合わせ先

〒 162-0846　東京都新宿区市谷左内町 21-13
株式会社技術評論社　書籍編集部
「Ubuntu はじめる＆楽しむ 100％活用ガイド ［Ubuntu 18.04 LTS 日本語 Remix 対応］」質問係
FAX 番号：03-3513-6167 ／ URL：https://gihyo.jp/book/

Ubuntu はじめる＆楽しむ 100％活用ガイド
［Ubuntu 18.04 LTS 日本語 Remix 対応］

2018年9月15日　初版　第1刷発行

著者	リンクアップ
発行者	片岡　巌
発行所	株式会社技術評論社
	東京都新宿区市谷左内町 21-13
電話	03-3513-6150　販売促進部
	03-3513-6160　書籍編集部
担当	青木　宏治
編集	リンクアップ
装丁	リンクアップ
本文デザイン・DTP	リンクアップ
製本／印刷	図書印刷株式会社

定価はカバーに表示してあります。

落丁・乱丁がございましたら、弊社販売促進部までお送りください。交換いたします。
本書の一部または全部を著作権法の定める範囲を超え、無断で複写、複製、転載、テープ化、ファイルに落とすことを禁じます。

©2018 技術評論社

ISBN978-4-297-10018-6　C3055
Printed in Japan